U0315199

NEW ARCHITECTURAL
LANGUAGE
新建筑语言

2014

上册

龙志伟 编著

| 办公建筑 | 商业建筑 | 购物中心 | 酒店建筑 | 展览建筑 |

广西师范大学出版社
·桂林·

图书在版编目(CIP)数据

新建筑语言 2014／龙志伟 编著. —桂林:广西师范大学
出版社,2014.6
ISBN 978 - 7 - 5495 - 4879 - 8

Ⅰ. ①新… Ⅱ. ①龙… Ⅲ. ①建筑设计-世界-现代-
图集 Ⅳ. ①TU206

中国版本图书馆 CIP 数据核字(2013)第 297236 号

出 品 人:刘广汉
责任编辑:王晨晖
装帧设计:龙志杰

广西师范大学出版社出版发行

(广西桂林市中华路 22 号　　　邮政编码:541001)
(网址:http://www.bbtpress.com)

出版人:何林夏
全国新华书店经销
销售热线:021 - 31260822 - 882/883
上海锦良印刷厂印刷
(上海市普陀区真南路 2548 号 6 号楼　邮政编码:200331)
开本:646mm×960mm　　1/8
印张:85　　　　　　　字数:30 千字
2014 年 6 月第 1 版　　2014 年 6 月第 1 次印刷
定价:680.00 元(上、下册)

如发现印装质量问题,影响阅读,请与印刷单位联系调换。
(电话:021 - 56519605)

序言

　　《新建筑语言 2014》是《新建筑语言 2013》的续集，在延续《新建筑语言 2013》整体风格的基础上，又在建筑的功能性和技术性上扩展了深度和广度，既与之相辅相成，又形成了与之区别的独特之处。若说《新建筑语言 2013》给人的直观感受是惊人的视觉魅力，那么，《新建筑语言 2014》则是在更深远的层面上让人震撼和惊叹：简洁的外观下蕴含着先进的技术和工艺以及源自传统与自然的哲思，鲜明的反差与对比，不仅反映了当前建筑界返璞归真的思潮，同时也强调了对建筑的功能结构和技术性的重视。

　　全书精选了全球近 100 个最优秀的各类建筑设计落成案例或创新全套方案，涵盖了阿特金斯、蓝天组、ECDM、Henning Larsen 建筑事务所、C.F.Møller、DnA_Design and Architecture、上海天华等近 50 家建筑设计单位的优秀作品。全书紧扣新时代建筑研究主题，进一步阐述了低碳环保、自然生态、可持续发展的设计理念，展示了当今建筑界的新思潮、新风尚、新技术和新工艺。本书全面系统地介绍了以建筑朝向的合理布置、遮阳的设置、建筑围护结构的保温隔热技术、有利于通风的开口设置为途径来实现节能减耗的"被动建筑"，也展示了"隐形建筑"、"会呼吸的建筑"、"微缩城市"等新型建筑，更能让人切身感受程式化的采光设计、蓝天组的解构主义以及文丘里效应等在实际操作中惊人魅力，使人们关注的焦点由建筑表象上升到技术层面上来。

⑧ 办公建筑

New Architectural Language 2014

New
Architectural
Language
2014

办公建筑
Office Building

德国杜塞尔多夫 Sky 办公塔楼

"贝壳"形态
空间布局

设计单位: Ingenhoven Overdiek and Partner
开发商: ORCO Erste Projektentwicklungsgesellschaft mbH, Düsseldorf
项目地址: 德国杜塞尔多夫
建筑面积: 57 200 ㎡

项目概况

　　Sky 塔楼是一栋现代、高端的办公建筑, 高 89 m, 包括 23 层的地上空间以及 4 层的地下停车场, 它是从杜塞尔多夫北面进入该城市的第一座引人注目的建筑。

建筑设计

　　这栋高 89 m 的高层办公塔楼好像一个大型的透明"贝壳", 建筑双卵形的几何形态反映了场地两侧两种截然不同的场所特征, 其流畅、柔和的建筑线条也使之成为了 Kennedydamm 上空丰富、醒目的城市天际线。

　　建筑采用了大型的玻璃立面, 透明的外立面赋予了建筑明亮、柔和的外观, 立面上低矮的栏杆则使建筑获得了朝向城市和莱茵河的广阔视野。

　　灵活的平面布局使多元化的办公空间布局成为可能。建筑近 30 000 ㎡ 的灵活办公空间包括私人办公室、蜂巢形办公室以及开放型办公室等类别, 每个楼层可容纳两个可租赁的办公单元。

总平面图 1:1000

0 5 10 15 20 25   50

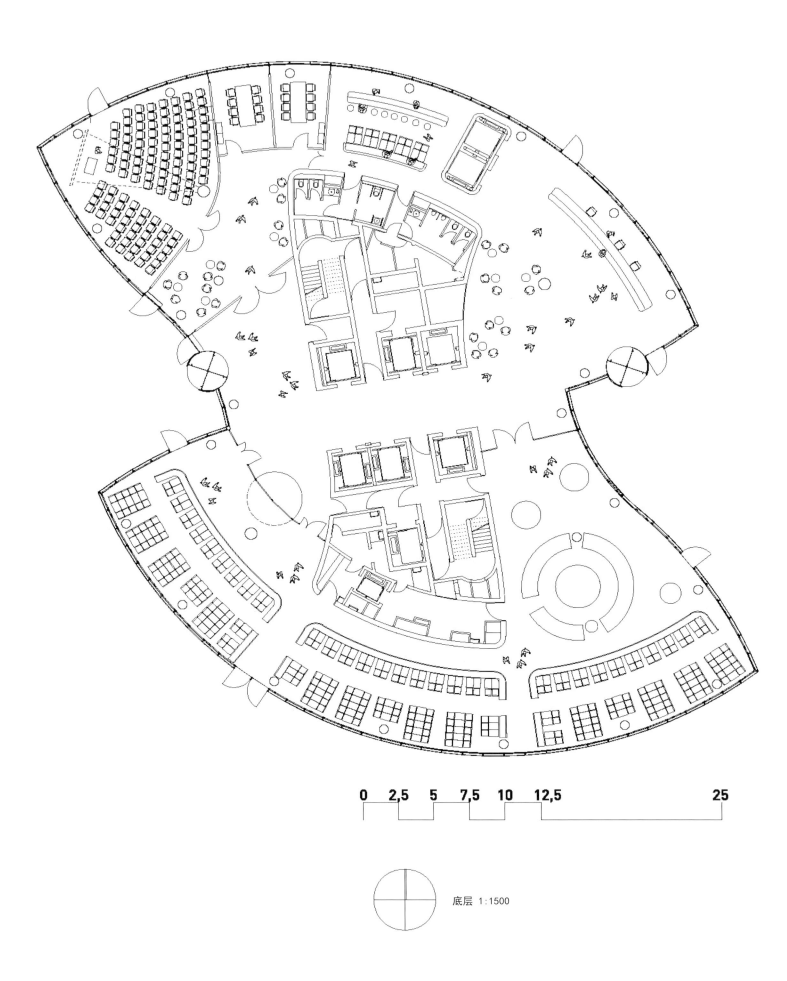

0　2,5　5　7,5　10　12,5　　　　25

底层 1:1500

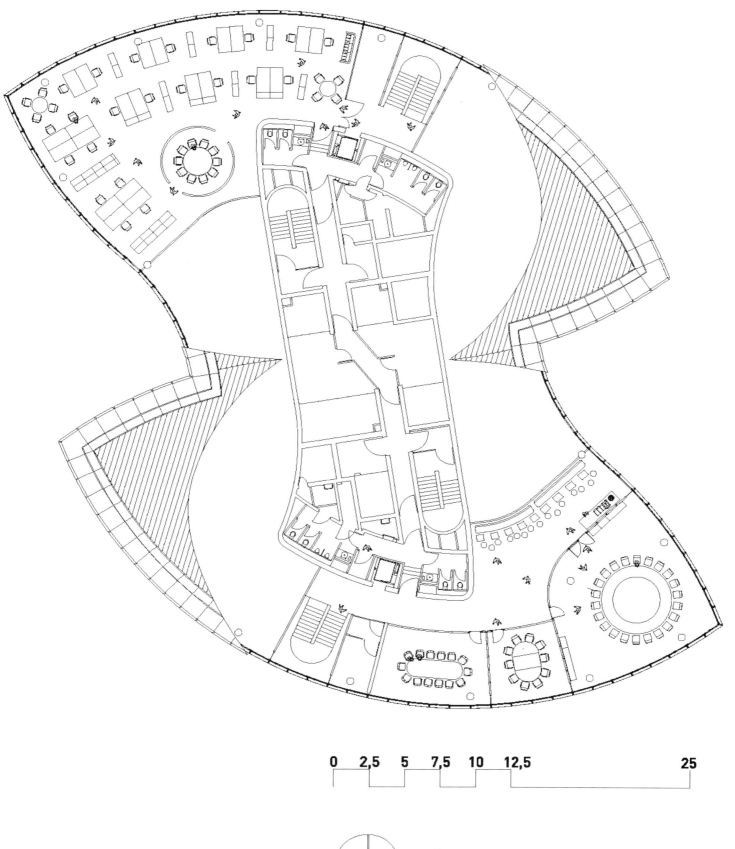

0   2,5   5   7,5   10   12,5   25

22 层 1 : 1500

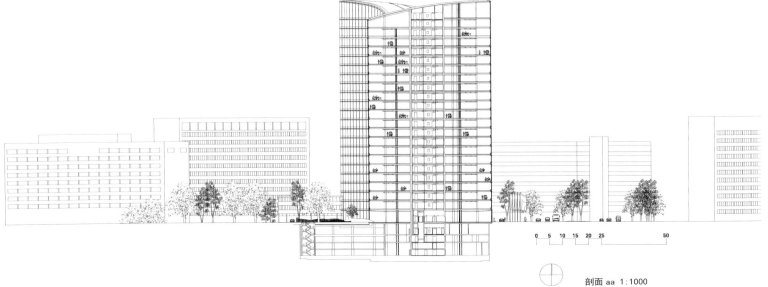

剖面 aa 1:1000

公司简介：

1985 年在德国杜塞尔多夫成立的 Ingenhoven Architects 于 2003 年改名为 Ingenhoven Overdiek and Partner，是一家以高层建筑的生态学设计而闻名的建筑事务所。

在近 30 年的发展历程中，Ingenhoven Overdiek and Partner 获得了许多奖项和荣誉，主要包括：2012 年布莱一号办公楼设计获得最优高层建筑物奖以及由 Ferrara 大学颁发的可持续建筑国际大奖银牌；2012 杜塞尔多夫 Oeconomicum 大学设计获得 Green Good 设计大奖；2012 年度 für Marketing + Architektur 奖；2011 年 BCA 建筑卓越奖；2009 年英国皇家建筑师协会国际大奖；2009 年国际建筑设计大奖；2009 年 CTBUH 大奖等。

阿曼马斯喀特银行新总部大楼

设计单位：阿特金斯 ATKINS
开发商：马斯喀特银行
项目地址：阿曼马斯喀特
总建筑面积：31 000 ㎡

注重功能
不间断电流 & BMS（智能建筑管理系统）设计

项目概况

　　由阿特金斯负责设计的阿曼马斯喀特银行新总部大楼位于马斯喀特北部发展最快的区域之一，该区邻近马斯喀特国际机场。项目涵盖了马斯喀特银行公司总部、零售批发商店、食品便利设施、儿童保育和训练中心等功能分区，将成为促进当地发展的重要推动力量。

设计特色

项目设计综合考虑了多项环境因素，包括对建筑定位和遮蔽效果等因素的考量，以减少太阳能获得对内部光线的影响。为了解决马斯喀特银行工作高峰期人员拥挤的问题，设计对交通进行研究和分析。在银行内部的电力、采暖通风与空调系统等方面，项目采用了不间断电流 & BMS（智能建筑管理系统）设计，以保证银行服务工作高效、灵活运转。

建筑设计

建筑长 150 m，宽 15 m，内有多个零售批发点、餐厅、咖啡厅、报刊店、干洗店、儿童保育和训练中心。设计包含 4 个相互连通的建筑，这 4 个区域由一条景观街道连接，既满足了各分区的功能需求，又使建筑风格整体保持一致。同时，这条景观街道也为员工和来访者提供了社交和休息的场所。

新马斯喀特银行总部是该地区的创新焦点，设计为银行的发展提供了独到的解决方案，满足了银行未来的发展需要，使之保持了其作为中东地区最杰出的金融机构之一的地位。

公司简介：

阿特金斯是世界领先的设计顾问公司之一，专业知识的广度与深度使之能够应对具有技术挑战性和时间紧迫性的项目。阿特金斯是国际化的多专业工程和建设顾问公司，能为各类开发建设项目提供一流专业服务，从摩天大楼设计到城市规划、铁路网络改造，以及防洪模型的编制，都能提供规划、设计、实施的全程解决方案。

作为阿特金斯集团远东区的全资子公司，阿特金斯中国于 1994 年正式进入中国市场。借助集团总部的强大支持，阿特金斯中国以提供多专业多学科的"一站式"全方位服务的核心优势区别于竞争对手，并通过国际经验和本地知识的有机结合在中国近年来迅猛推进的城市化进程中取得了骄人的项目业绩。

其主要作品和奖项有：中央景城一期荣获 2010 年中国土木工程詹天佑奖住宅小区优秀规划奖；伊顿小镇荣获 2010 年中国土木工程詹天佑奖住宅小区金奖；上海办事处荣获 LEED 绿色建筑商业内部装修金奖等多个奖项。

法国里尔 Onix 办公大楼

立面
材质

设计单位：Dominique Perrault Architecture
开发商：CODIC
　　　　VINCI Immobilier
项目地址：法国里尔
占地面积：3 380 ㎡
总建筑面积：25 350 ㎡

项目概况

Onix 办公大楼位于法国里尔 Euralille 地区一个极具战略性意义的场地上，设计师因地制宜，挖掘了这一场地的最大使用价值。

设计理念

这个极具立体感的办公大楼位于 Euralille 地区一个极具战略性意义的场地上，为有效地利用场地高度的可视度和交通易达性，设计将建筑设想为一根经折叠和伸缩后具有不同厚度的手杖，实现对这一不规则形态的场地的最大化利用。

设计特色

外立面采用了 4 种不同宽度、不同类型的模板，分别是固定的不透明模板、开敞式的不透明模板、固定的玻璃模板和些微倾斜的玻璃模板。这些模板在不同的楼层交错着重复出现，使每一个楼层都展现出不同的形态。

倾斜的玻璃模板更多地被安置在高层空间，随着高度的递减，这一类型的模板也越少，这使外立面呈现出流畅且透明的特征。这一立体化的结构延展到屋顶平面，表现为金属材质的网状结构，这一结构将技术装备隐藏了起来，同时，也强调了体量的流畅感。

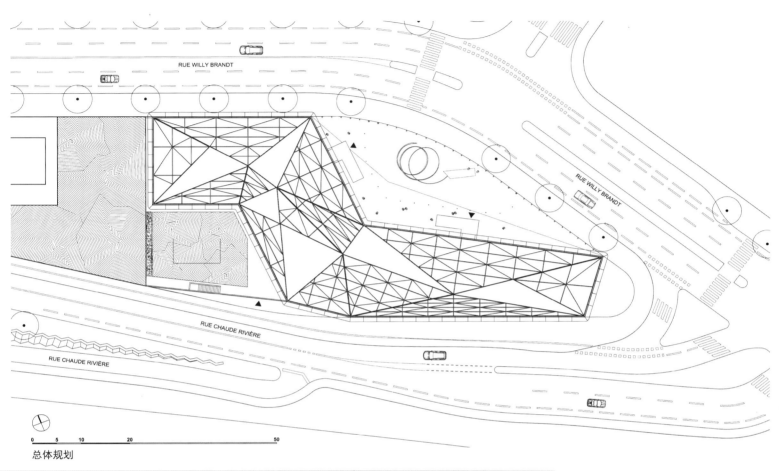

RUE WILLY BRANDT

RUE WILLY BRANDT

RUE CHAUDE RIVIÉRE

RUE CHAUDE RIVIÉRE

0 5 10 20   50

总体规划

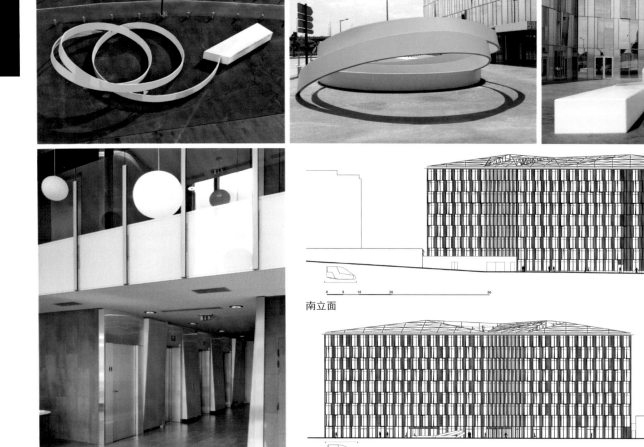

南立面

北立面

剖面

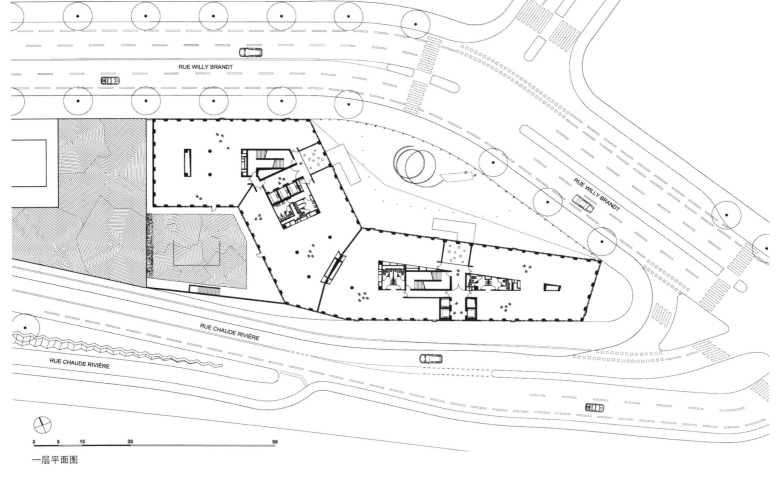

RUE WILLY BRANDT

RUE WILLY BRANDT

RUE CHAUDE RIVIÈRE

RUE CHAUDE RIVIÈRE

0 5 10   20   50

一层平面图

标准办公室平面图

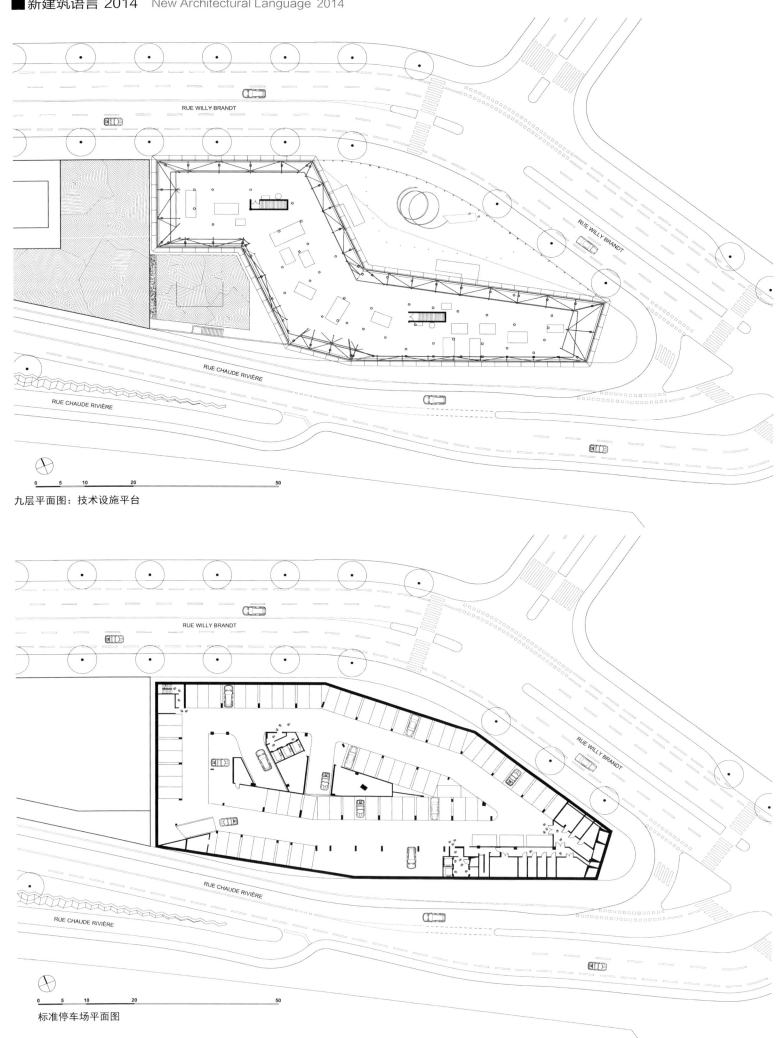

九层平面图：技术设施平台

标准停车场平面图

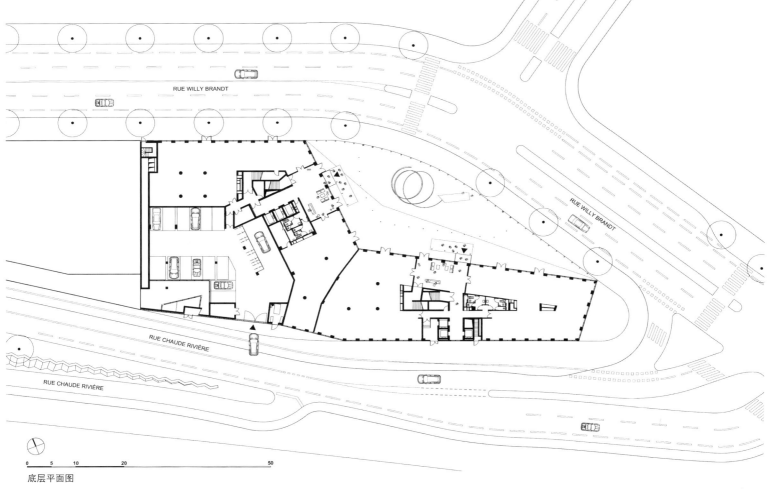

RUE WILLY BRANDT

RUE WILLY BRANDT

RUE CHAUDE RIVIÉRE

RUE CHAUDE RIVIÉRE

0 5 10 20 50

底层平面图

公司简介：

Dominique Perrault Architecture 于 1981 年由 Dominique Perrault 在巴黎建立。事务所通过不断地研究和创新性设计推动建筑设计、城市规划和设计的发展。该事务所重新定义了"建筑"这一词汇，其对城市建筑新类型以及建筑材料（包括金属网的使用）的研究，使之在建筑研究上起着领军作用。

公司创始人 Dominique Perrault 1953 年出生在法国的克拉蒙特，曾获得过法国国立高等美术学院的建筑学学位、巴黎国立路桥学院城市规划高级文凭、巴黎社会科学高等学院历史学硕士文凭。同时，他也是法国荣誉爵士、法国建筑学会的成员、德国建筑师协会的荣誉会员（BDA）和英国皇家建筑学会的成员。Dominique Perrault 获得过多项大奖，包括 1996 年法国国家建筑奖、1997 年因国家图书馆的设计而获得的密斯·凡·德·罗奖。

比利时布鲁塞尔德克夏银行大楼

照明系统

设计单位：Jaspers-Eyers Architects
开发商：布鲁塞尔商业中心
项目地址：比利时布鲁塞尔
总建筑面积：116 867 ㎡

项目概况

项目所处区域是布鲁塞尔高层商业建筑的聚集区，38 层的德克夏银行大楼形成了通往布鲁塞尔北部地区的门户。建筑高达 145 m，是比利时第三高楼，该建筑也是世界上最大的照明工程项目。

建筑设计

设计将项目周边较低的高层建筑和低层建筑都纳入了考虑范围之内。德克夏大楼上窄下宽的整体轮廓为布鲁塞尔城区勾勒了一个独特的天际线，也成为周围平顶建筑中的一个标志性建筑。

德克夏大楼上端部分是宏伟的顶楼办公空间，并配备有会议室、餐厅等相关功能区间。地面是一个有屋顶的拱廊，覆盖了整个人行通道，下雨时可以避雨，人们可从此处前往相距几个街区的北站。

立面设计巧妙地运用了发光二极管。双层玻璃表面包含了由最先进的计算机控制的 LED 照明系统，共有 220 000 盏灯，可发出 3 种颜色的光，这使整个建筑看起来就像一弯不停闪动的彩虹。这一系统还可以在建筑外立面创造任意图像，使建筑化身为一个巨大的广告板或新闻板。

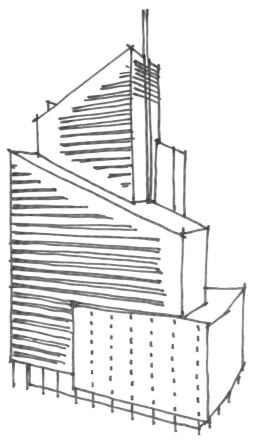
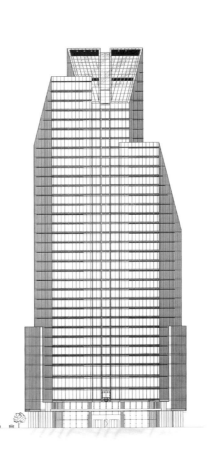
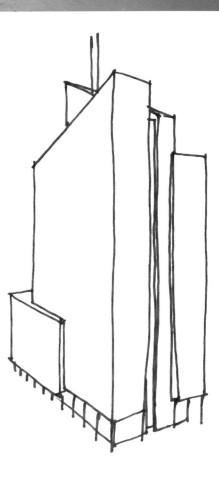

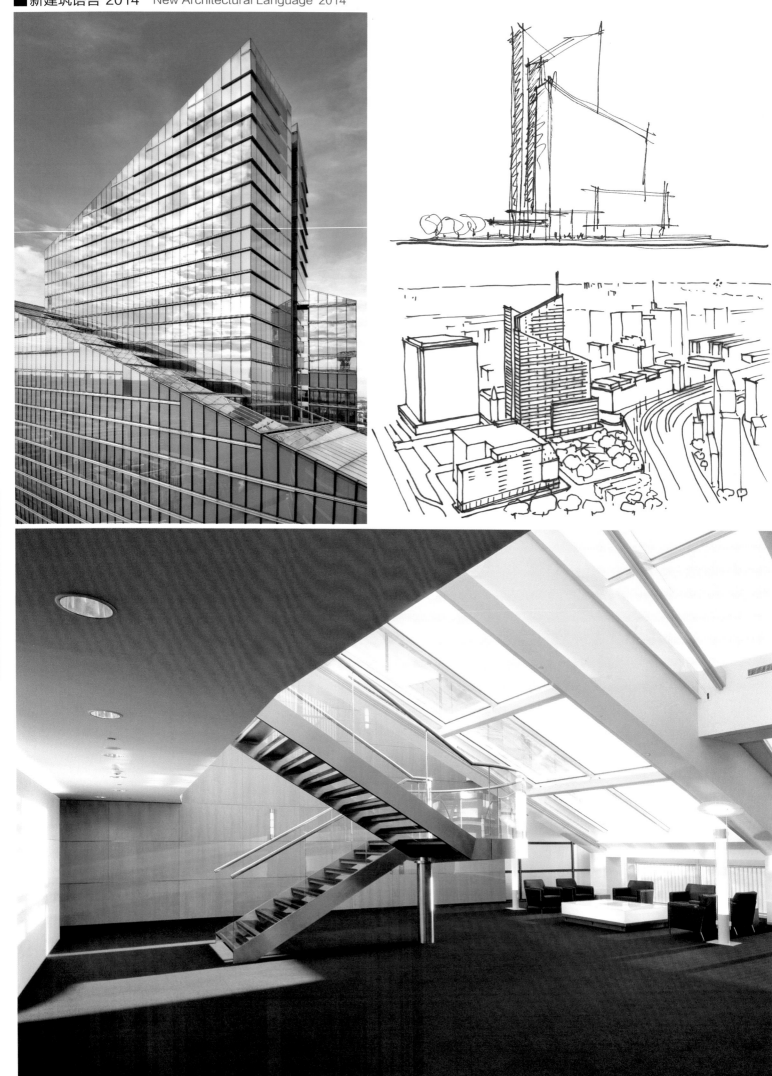

公司简介：

Jaspers-Eyers Architects 是一家国际性的建筑师事务所，在布鲁塞尔、鲁汶和哈塞尔特等地都设有工作室。事务所由 John Eyers 和 Jean-Michel Jaspers 领导，可为公共领域和私人领域的客户提供建筑设计、建筑方案制作、城市规划、项目整体规划、图形设计以及室内设计等全方位服务。

事务所的设计风格简洁明快，其设计关注生态环保，注重建筑和人之间的交流，以构建对人类和环境无危害的建筑。凭借多年的行业经验，以及多样化的服务特色，事务所已完成了多个成功的项目，包括 IBM 总部、Alcatel-Lucent 总部、Ageas 金融中心、KBC 银行以及各种酒店、机场、体育馆项目。当前，Jaspers-Eyers Architects 已成为欧洲和比利时最著名的建筑设计事务所之一。

上海中环企业广场

LOFT 办公格局
多元商务空间

设计单位：上海天华建筑设计有限公司
开发商：上海北方城市发展投资有限公司
项目地址：中国上海市
占地面积：29 387.4 ㎡
建筑面积：81 536.53 ㎡
容积率：2.7
设计团队：陈　易　冷传伟　刘　军
　　　　　黄先岳　胡建科　曾繁政

项目概况

　　上海中环企业广场位于上海市闸北区大宁国际、市北高新双核之心，未来将以这里为中心，形成一个新的中心商务区。项目定位为超大尺度的 LOFT 写字楼。摒弃传统写字楼的呆板建筑布局，衍生出多元商务空间，成就了中环企业广场在内中环地区 5A 办公LOFT 中的首席地位。

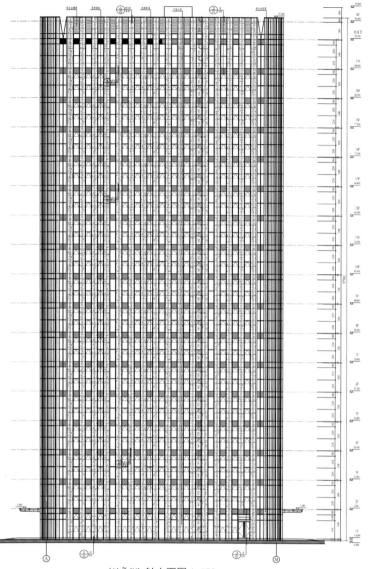

(A)~(M) 轴立面图 1:150

建筑设计

项目中的单幢办公楼正面朝着正南方向，和小区布局相结合，高度小于 100 m，层高 5.5 m。底层用作服务性设施，办公楼大堂也放在一层，位于大楼的西侧，两层高度的挑空，高度约为 11 m，面积在 500 m² 左右。标准层面积约为 1 500 m²，配置了 6 部客梯和 1 部货梯。核心筒放在偏北侧，北侧为小办公空间，南侧为大办公空间，也可以将两者打通。

中环企业广场秉承着打造精品的理念进行规划设计，5.5 m 层高的 LOFT 产品，使之成为内中环在售 5A 写字楼的标杆之作。73 ~ 151 m² 的灵动空间，优化了商务办公格局；5A+ 智能化配置满足了各类高端办公需要；11 m 挑空大堂、VIP 总裁专享电梯，彰显企业总部尊荣内涵。

44

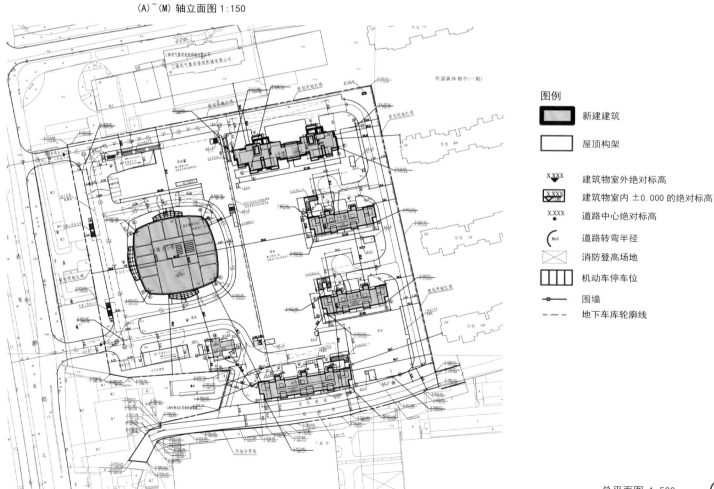

图例

| | 新建建筑 |
| | 屋顶构架 |

X.XXX 建筑物室外绝对标高

X.XXX 建筑物室内 ±0.000 的绝对标高

X.XXX 道路中心绝对标高

道路转弯半径

消防登高场地

机动车停车位

围墙

地下车库轮廓线

总平面图 1:500

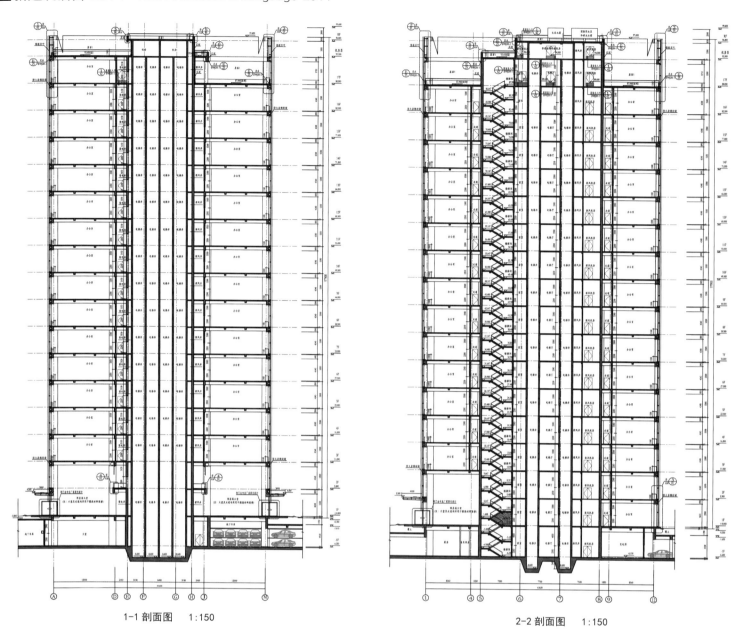

1-1 剖面图　　1:150　　　　　　　　　　　　　　2-2 剖面图　　1:150

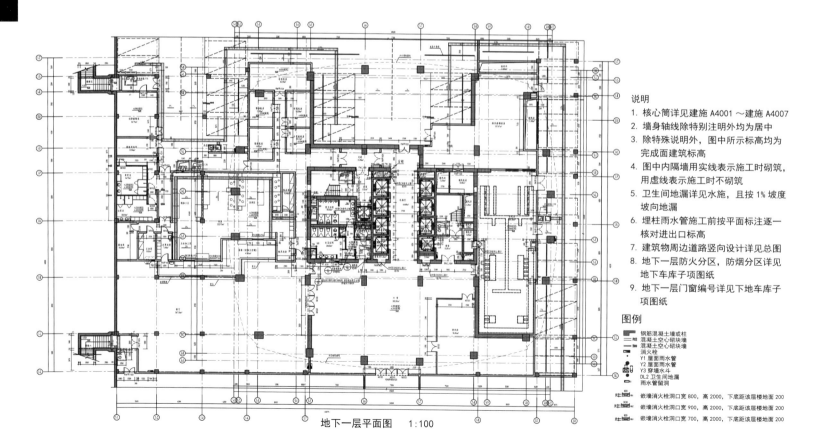

地下一层平面图　　1:100

说明
1. 核心筒详见建施 A4001～建施 A4007
2. 墙身轴线除特别注明外均为居中
3. 除特殊说明外，图中所示标高均为完成面建筑标高
4. 图中内隔墙用实线表示施工时砌筑，用虚线表示施工时不砌筑
5. 卫生间地漏详见水施，且按 1% 坡度坡向地漏
6. 埋柱雨水管施工前按平面标注逐一核对进出口标高
7. 建筑物周边道路竖向设计详见总图
8. 地下一层防火分区，防烟分区详见地下车库子项图纸
9. 地下一层门窗编号详见下地车库子项图纸

图例

钢筋混凝土墙或柱
混凝土空心砌块墙
混凝土空心砌块墙
消火栓
Y1 屋面雨水管
Y2 屋面雨水管
Y3 穿墙水斗
DL2 卫生间地漏
雨水管留洞

嵌墙消火栓洞口宽 800，高 2000，下底距该层楼地面 200
嵌墙消火栓洞口宽 900，高 2000，下底距该层楼地面 200
嵌墙消火栓洞口宽 700，高 2000，下底距该层楼地面 200

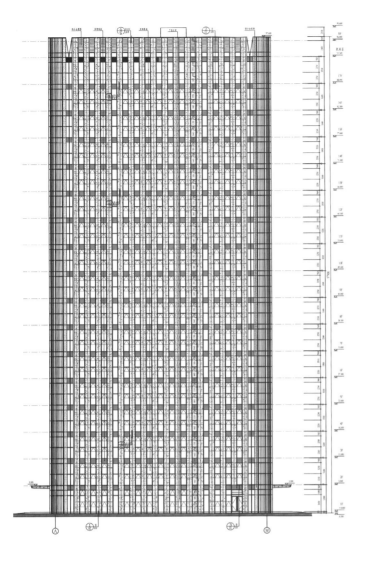

公司简介：

上海天华建筑设计有限公司创立于1997年，是中国第一批民营建筑设计公司之一，自2003年起跻身全国十大民营建筑设计公司排行榜前列并保持至今。该公司具备建筑工程甲级、城市规划甲级和风景园林工程设计乙级专项资质，可为客户提供涵盖规划、建筑、室内、景观、工程和设计咨询、设计总包等在内的全方位服务，既可提供从方案、扩初到施工图及施工配合等的全过程一站式设计服务，亦可根据客户需求，提供规划、建筑设计方案和施工图等阶段性服务。

2010年始，天华全力进军商业地产领域。在保持住宅优势的前提下，天华建筑将战略眼光投向了城市综合体等新的设计细分市场，致力于在城市综合体、办公楼、酒店等综合开发领域再创辉煌。其主要作品有：上海瑞安创智天地、天津金融街世纪中心、沈阳华润置地广场、温州华润万象城、海盐颐高数码中心、上海万科松江乐都商业总体、陆家嘴世纪大道办公楼、万科唐山宾馆、上海外高桥文化艺术中心等。

荷兰哈登堡市政中心

"公园"构想
表面
停车场

设计单位：de Architekten Cie.
开发商：Gemeente Hardenberg
项目地址：荷兰哈登堡
项目面积：22 000 ㎡

项目概况

考虑到场地内建筑群体的多样性，设计将整个场地设想为一个整体的绿色公园，将这个新建的大体量市政中心和配套的停车场项目以及周边多元化的建筑群整合起来。

建筑设计

设计将 Spindeplein 地区以及整个项目场地设想为一个拥有许多绿化空间的广场或公园，这一"公园"的构想消除了建筑与周边建筑群的空间隔阂，将布局在绿色广场内或分布在广场边缘的建筑群紧密地联系在一起。

市政中心是一个高度透明的建筑，体现了政府部门的公开、公正性。大量玻璃和木材的使用也提高了建筑内部公共职能区，特别是人员高度聚集的议会厅的可视度。

市政中心环形的体量因表面上两个些微凹进的切口而呈现出锥形的结构，极大地增加了雕塑体的趣味性。这两个"切口"凸显了引人注目的入口空间，也呼应了公园内的环形流。入口空间朝向高耸的中庭空间敞开，中庭也成为市民、公务员以及员工交流的场所。

设计师通过三种途径解决场地停车的问题：在整个场地的下方设置了一个半嵌入式的停车场；设置一个类似于绿色高地的停车场；当处于高峰期时，车主也可将车停在地面层，这3个位于不同层面的停车空间都植有植被，使得整个空间显得开敞而井然有序，同时，也凸显了市政中心的独立性和标志性。

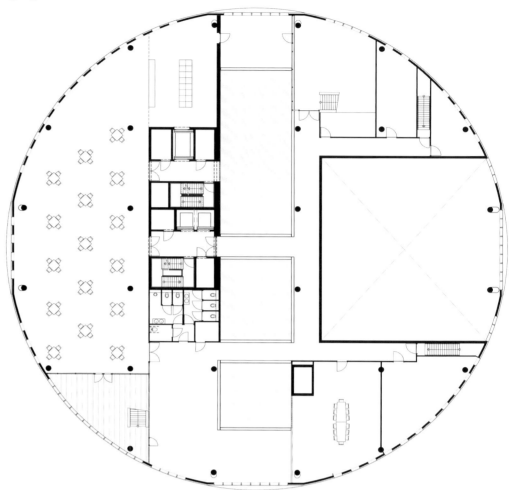

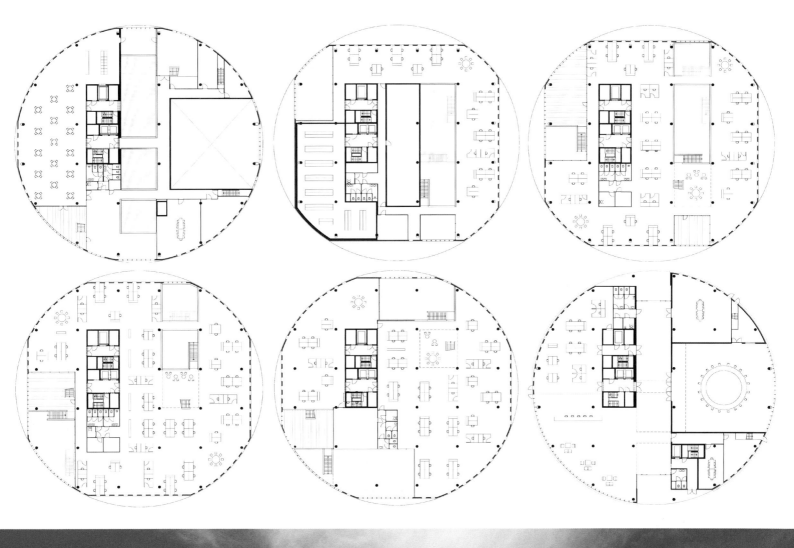

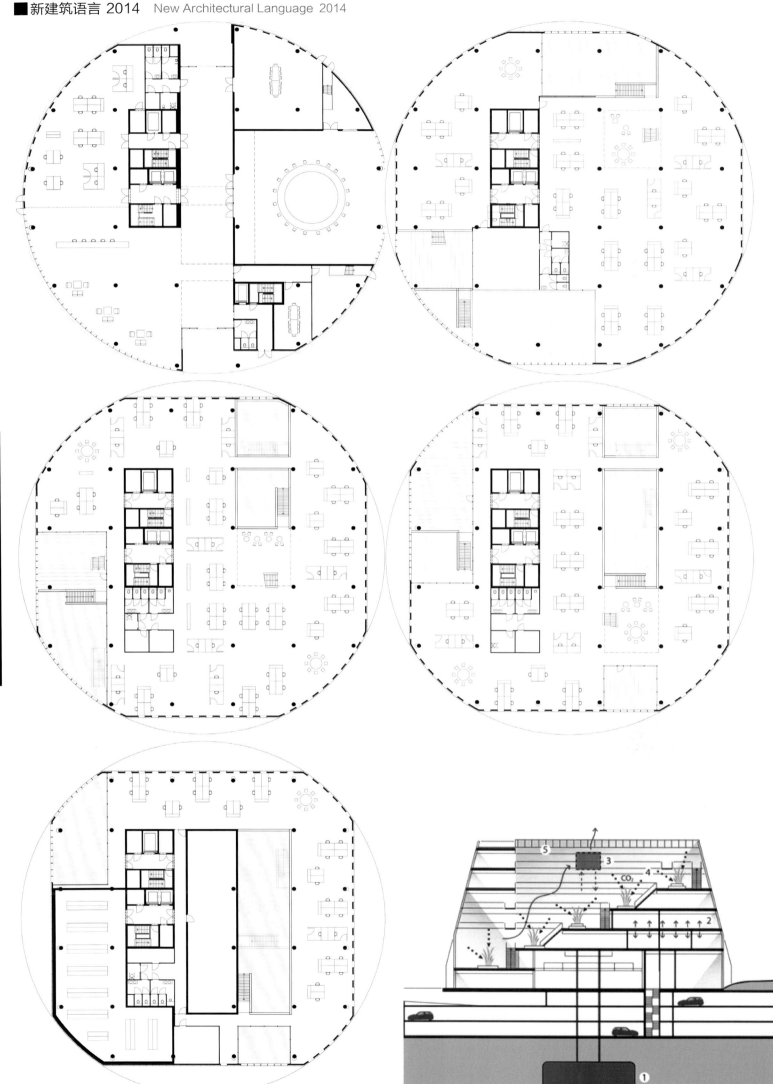

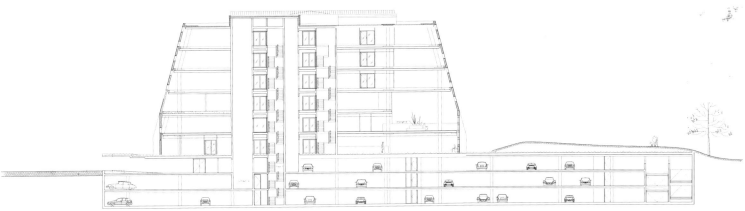

公司简介：

de Architekten Cie. 是一家全球性的建筑设计公司，具有 30 多年的建设设计和规划经验。其主要业务范围包括总体规划、城市规划、建筑设计和室内设计。

公司的主要创始人是 Pi de Bruijn，1967 年毕业于代尔夫特理工大学建筑学院，其后分别在伦敦萨瑟克区的伦敦市委员会建筑系和阿姆斯特丹市政房屋署工作，并于 1978 年成为 Oyevaar Van Gool De Bruijn 建筑事务所 BNA 办事处的合伙人。1988 年，Pi de Bruijn 和 Frits van Dongen、Carel Weeber、Jan Dirk Peereboom Voller 共同建立了 Branimir Medić & Pero Puljiz, de Architekten Cie.。

法国巴黎布依格集团控股公司总部

玻璃中庭
风帆意象

设计单位：KEVIN ROCHE JOHN DINKELOO AND ASSOCIATES
开发商：布依格集团
项目地址：法国巴黎
建筑面积：7 897 ㎡

项目概况

项目位于巴黎奥什大街，距离凯旋门只有两个街区。建筑包含一个现代化礼堂、行政办公室、行政餐厅俱乐部和景观花园等功能区间，其比例匀称且美观的外立面是建筑的特色所在。

建筑设计

建筑外观分为3个部分：两个法国石灰岩外观的侧翼楼和一个有着弯曲弧形的透明玻璃中央中庭。侧翼石板铰接着两个垂直的立轴，界定了场址的东西界线，其他部分带有窗户，在整体形态上与周边建筑保持一致。

中央的玻璃中庭呈大三角形风帆状，并由此引申出领航帆、引领未来等建筑内涵和象征意义。三角帆设在玻璃圆柱体的后面，向前延伸与圆柱体相交，为建筑庄重的表面增添了动感与活力。玻璃呈弧形弯曲，构成圆柱体的一部分，将休息室围合起来，既增加了休息室的透明度，也形成了一个垂直的反射亮点。

可持续设计和节能设计包括：一个400 ㎡ 的绿色屋顶，可调节局部小气候；室内日光百叶窗、低辐射中空玻璃等材质的选用，既为建筑提供了荫蔽，也降低了太阳辐射的强度；低消耗厕浴间设备以及高效、低功率电器设备等主动节能措施也有利于建筑节能。这一系列举措使建筑获得了"NF Bâtiments tertiares - Demarché HQE (Haute Qualité Environmentale)"办公楼高环境质量认证，这也是巴黎市所有建筑类别中第一个通过该项认证的建筑。

公司简介：

KEVIN ROCHE JOHN DINKELOO AND ASSOCIATES 曾是 1950 年建立的 *Eero Saarinen and Associates* 的分支机构，1961 年后，该公司由 Kevin Roche 和 John Dinkeloo 领导，并于 1966 年改名为 Kevin Roche John Dinkeloo and Associates。

Kevin Roche John Dinkeloo and Associates 负责整个美国、欧洲、亚洲的重大项目设计，可提供完整的总体规划、建

筑设计、室内设计以及建筑管理服务等多方面的服务。

该公司获得众多荣誉和奖项，包括：1974 年美国建筑师协会建筑公司奖；Kevin Roche 获得 1982 年普利兹克建筑奖和 1993 年的美国建筑师协会金奖；1995 年该公司凭借在纽约设计的福特基金会总部获得美国建筑师协会 25 年成就奖。

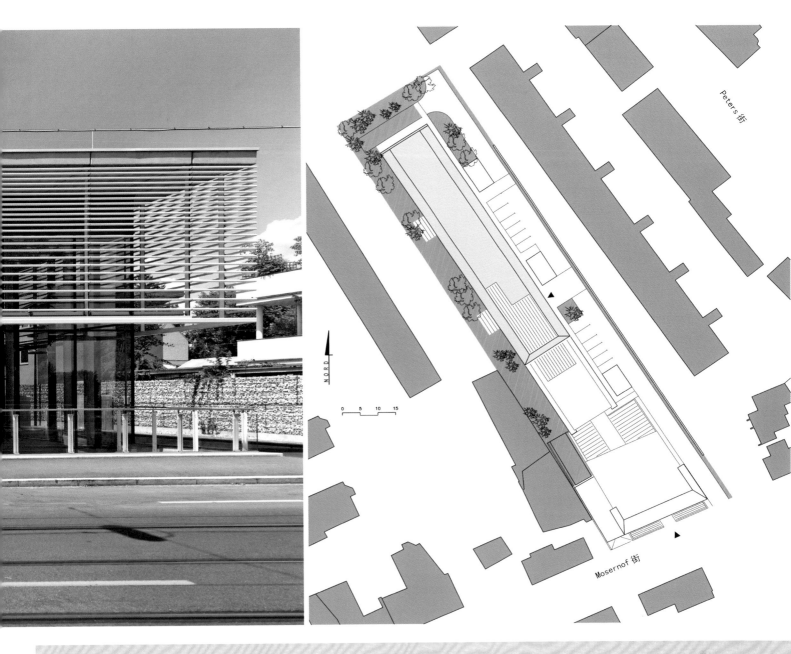

奥地利格拉茨 ÖWG 总部

功能明确
结构清晰

设计单位：Ernst Giselbrecht + Partner ZT GmbH
开发商：ÖWGes GmbH
项目地址：奥地利施第里尔格拉茨
总建筑面积：10 600 ㎡
设计团队：DI René Traby DI Martin Mittermayr
　　　　　Renate Mussbacher

项目概况

　　当前的企业总部在功能设置上应该满足怎样的需求，其对企业的发展及所处地域的发展应发挥怎样的作用，这是设计师们一直在探讨的问题。奥地利ÖWG总部的设计代表了当前的办公水平，既明确了办公空间的功能设置，传达了ÖWG的企业文化与发展期望，同时也是格拉茨地区城市发展的助推器。

建筑设计

　　项目由两个独立的建筑体构成，两者通过一个透明的结构相连。主楼邻近Moserhof街，其主要功能是客户中心，办公楼则位于宁静清幽的公园地带。

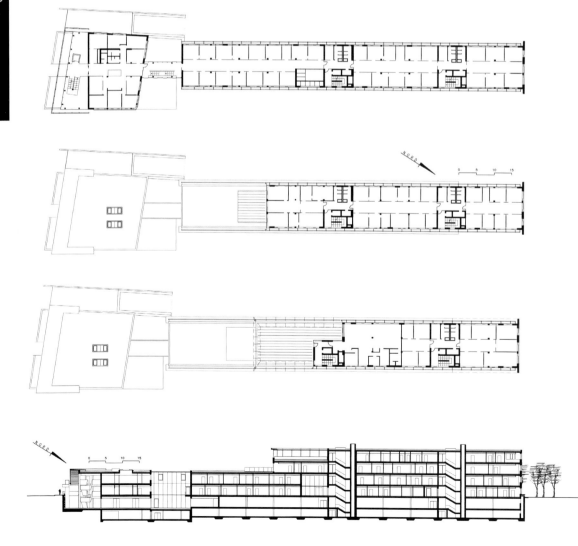

客户中心包含了接待室、多功能室以及会议和展览空间。客户接待室与多功能室设置在较低的楼层，与之相连的入口空间是一个高三层的开阔空间，与 Moserhof 街保持了视觉上的通畅，同时，入口空间也象征了 ÖWG 对客户、职员以及路人的热忱。多功能室与室外采光良好的天井庭院相连，可以通过开放空间实现自然采光和自然通风。这使得客户中心成为一个结构清晰、有趣的中心地带。

该办公楼的设计代表了当前的办公水平，为企业提供了一个适宜的办公空间。所有的办公空间都是弹性的、可调整的，以符合使用者的需求。楼梯间和电梯空间设置有会见空间，这不仅方便了职员之间的交流，同时拓宽了走廊空间，使职员能够享受室外的风景。此外，这一空间还配备有小咖啡间和食品供应处。

项目设计了一个两层的地下停车场，地下入口通道在结构上与周边的建筑相连，既方便了出行，也避免了周边的干扰。

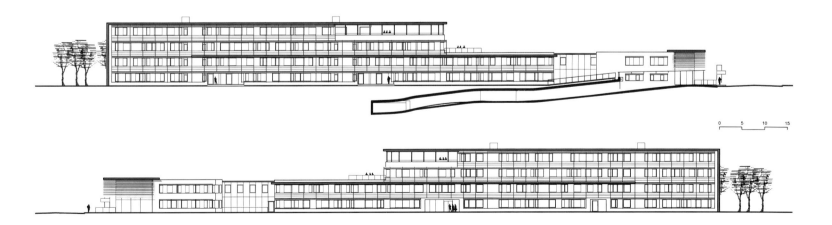

设计师简介：

Ernst Giselbrecht

Ernst Giselbrecht 1951 年出生于奥地利多恩比恩，被视为格拉茨学派当代的领导人物。Giselbrecht 认为一项真正的设计包括结构部分的自主性和可读性，以及对现代技术的含蓄运用等要素。Giselbrecht 涉及的主要领域有教育类和住宅类建筑、办公楼和工作坊以及行政类建筑。Giselbrecht 设计的建筑兼顾了地域性和功能性，选材较为精简。

法国巴黎宝嘉母电讯集团总部

现代
自然语素
可持续性

设计单位：Arquitectonica
开发商：Bouygues Immobilier
项目地址：法国巴黎
总建筑面积：45 000 ㎡
设计团队：Alejandro Gonzales   Carlos Navarette
　　　　　Chérifa Sehimi   Véronique Bonnard
　　　　　Katia Robreno   Cécile Rudolf
　　　　　Juliette Clerc   Sébastien Broise
　　　　　William Ernatus   Hannah M'Sallak
　　　　　Léonna Dobbie   Angie Ng
　　　　　Laurinda Spear   Bernardo Fort Brescia
摄影：Paul Maurer   Eric Morrill

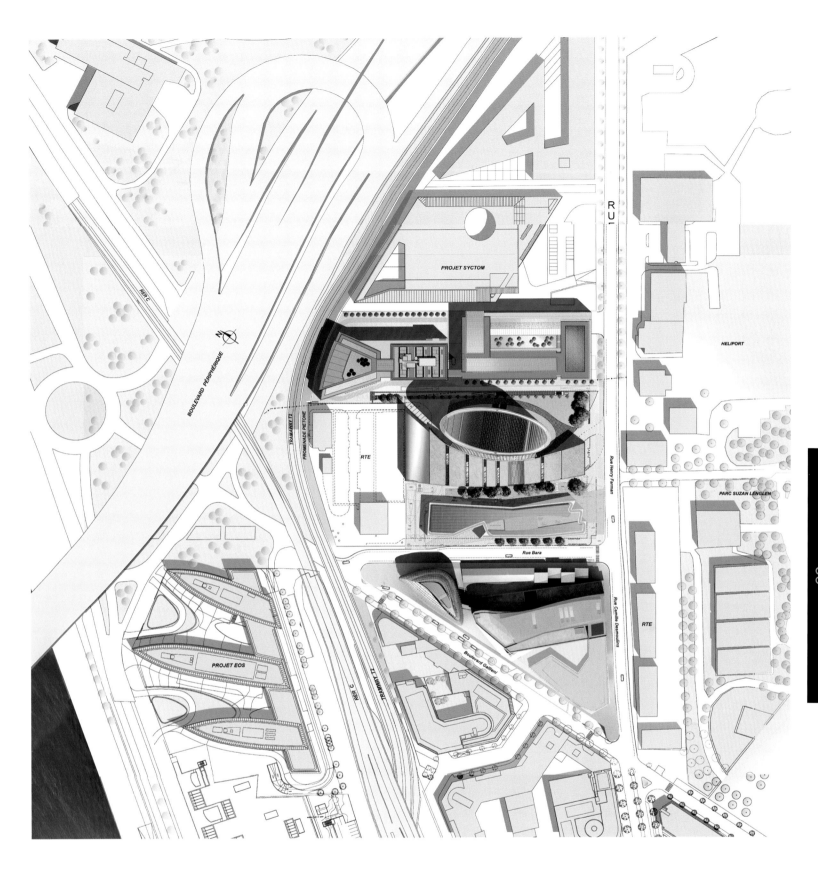

项目概况

整个建筑组群由场地中心的 24 层主体塔楼和两翼的 8 层建筑组成，在围护结构允许的范围内最大化地利用了场地和空间。3 栋建筑的设计灵感均来源于自然，这些有机的"语素"被细微而神秘地植入其中，并精确地被技术人员使用，它们都是社会的绿色符号，建筑的形式是其在玻璃与钢筋包裹之下的抽象表达。

建筑设计

主体建筑椭圆的外形模糊了其方向性，很难分清前、后立面，却传达了一种从伊西到巴黎，从街道到环城路，从陆地到河流的动感。边缘的弱化处理降低了建筑的强硬感，暗示出这个民主的空间与场地景观的互动。

这个椭圆形的棱镜体伸向天际的部分宛若被切除了边角的信封，两个呈角度的平面在正面展示了这个倒弧状的结构。行政楼层占地较小，其呈角度的玻璃表层就好比是一个温室，成为顶层空间的独特之处。

建筑体量在中心部分持续上升，直至两个成角度的平面相遇形成一个弯曲的制高点。建筑的底部是一个有角度的剖面，在入口处产生林冠效应，使基底的形态得以完整。设计旨在使建筑在空间上形成回旋的结构而不是被限定在基地上，从而彰显建筑的现代感。

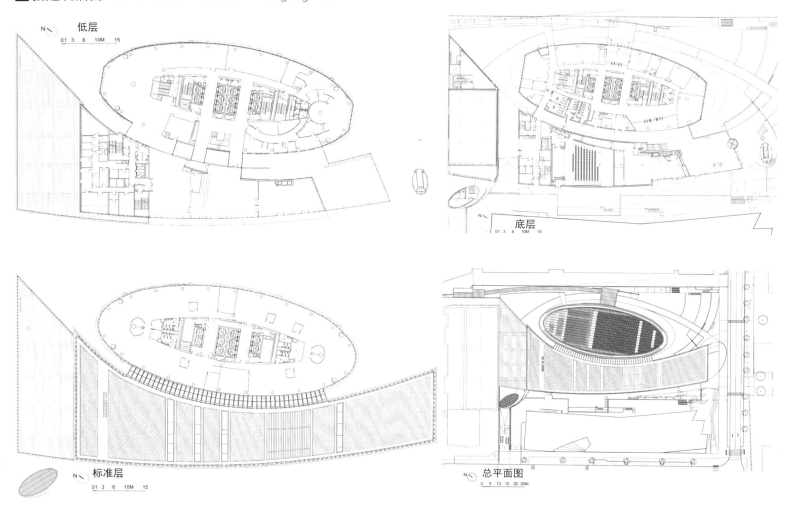

低层

底层

标准层

总平面图

塔楼的玻璃外观铰接在一系列的凹口处，使建筑产生旋转力，可为整个建筑中的特定位置提供特殊平台和角落办公室，同时也能增加纯棱镜体量的深度。塔楼的空间结构围绕核心分布有电梯、楼梯、技术科和卫生间，会议室和办公职能空间保持了中央空间的平衡。椭圆结构中间宽敞，可容纳大体量空间，两端渐窄，可容纳小型化的内部办公空间，这样的结构可以最大化办公空间的面积。

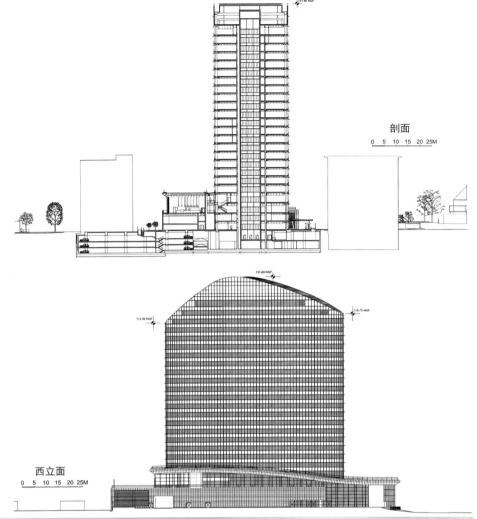

剖面

0 5 10 15 20 25M

西立面

0 5 10 15 20 25M

公司简介：

Arquitectonica（ARQ）建筑设计事务所由本纳道·霍先生和劳琳达·斯碧尔女士成立于1977年，总部设在美国的迈阿密，拥有超过300名专业设计人员，在美国纽约和洛杉矶、法国巴黎、中国上海、中国香港、菲律宾马尼拉、秘鲁利马、阿根廷布宜诺斯艾利斯和巴西圣堡罗都设有办事处。当前，该公司已发展成为一个国际公认的富有创造性的优秀跨国公司，以进行标志性建筑的设计和提供具有地域特点的创造性设计而著称。

除在哈佛大学任教外，本纳道和劳琳达都曾在世界各地做过演讲，他们的作品也曾被美国和欧洲许多著名的博物馆展出。近来，史密森学会博物馆对ARQ在世界各地的设计作品作了为期4个月的回顾展。ARQ公司的设计赢得了美国建筑师协会颁发的许多奖项和前卫建筑设计奖。

意大利 Kaltern Giacomuzzi 有限公司新总部大楼

丝带
生态
可持续性

设计单位：Monovolume 建筑设计事务所
开发商：Giacomuzzi 有限公司
项目地址：意大利 Kaltern
建筑面积：1 300 ㎡
设计团队：Simon Constantini　Thomas Garasi
　　　　　Barbara Waldboth　Baucon Bozen
摄影：Simon Constantini

设计单位：Monovolume 建筑设计事务所
开发商：Giacomuzzi 有限公司
项目地址：意大利 Kaltern
建筑面积：1 300 ㎡
设计团队：Simon Constantini　Thomas Garasi
　　　　　Barbara Waldboth　Baucon Bozen
摄影：Simon Constantini

项目概况

Giacomuzzi有限公司是一个现代化的管道公司，在可持续发展和生态技术方面具有专业水平。新总部大楼旨在通过建筑外观和建筑的可持续性设计，体现公司未来的核心发展理念。

建筑设计

建筑像一条弯曲的丝带，从街道水平面缓慢过渡到第二层。建筑的3个楼层通过宽大的隔热玻璃外立

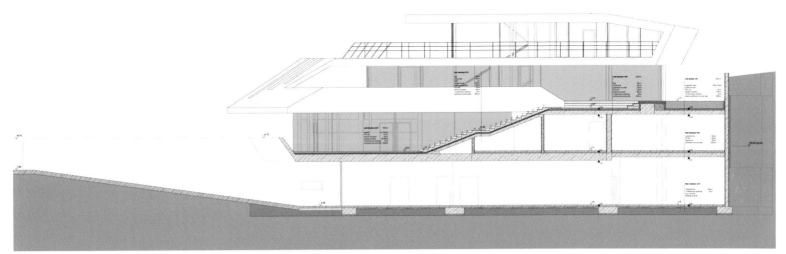

Giacomuzzi 有限公司 _ 剖面详图 _ 比例 1:200

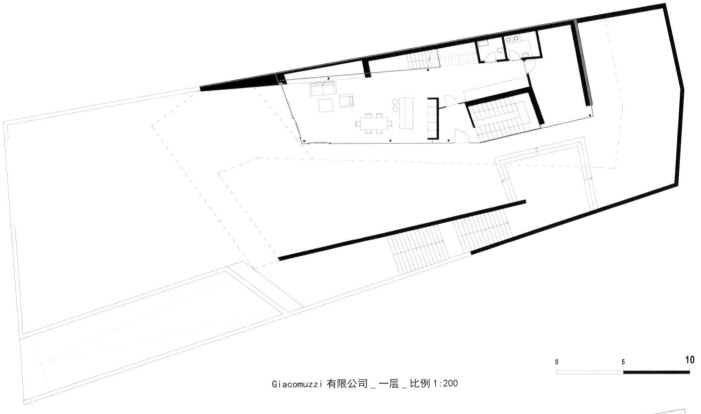

Giacomuzzi 有限公司 _ 一层 _ 比例 1:200

0   5   10

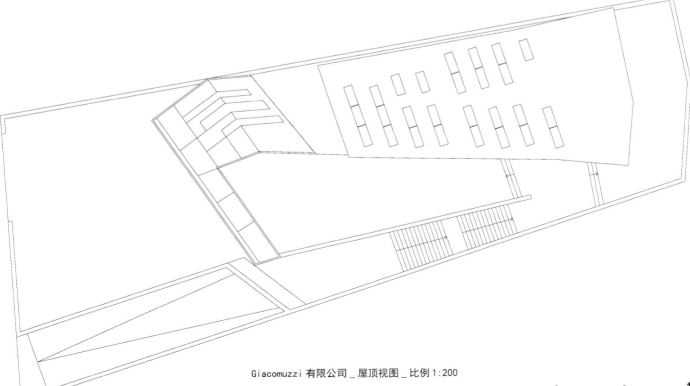

Giacomuzzi 有限公司 _ 屋顶视图 _ 比例 1:200

0   5   10

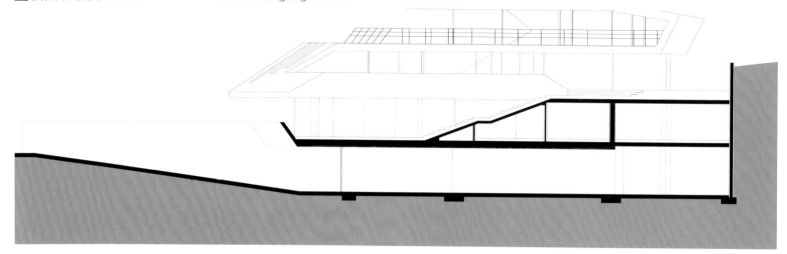

Giacomuzzi 有限公司 _ 剖面图 _ 比例 1:200

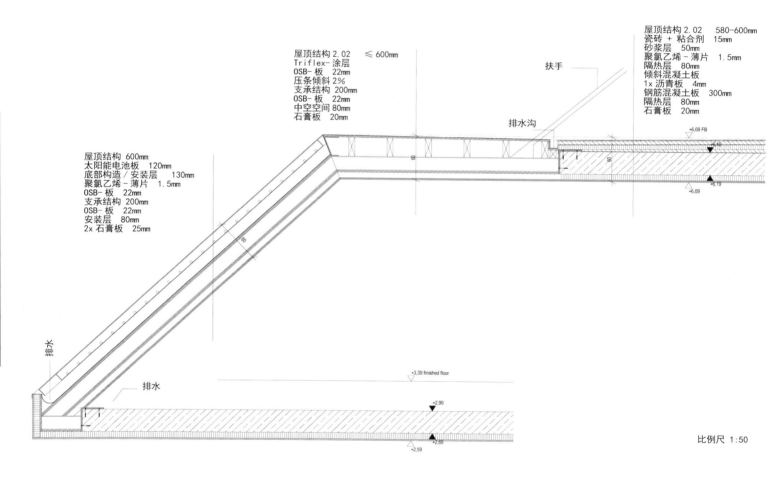

屋顶结构 2.02　　≤ 600mm
Triflex-涂层
OSB-板　22mm
压条倾斜 2%
支承结构　200mm
OSB-板　22mm
中空空间 80mm
石膏板　20mm

屋顶结构 2.02　　580-600mm
瓷砖 + 粘合剂　15mm
砂浆层　50mm
聚氯乙烯-薄片　1.5mm
隔热层　80mm
倾斜混凝土板
1x 沥青板　4mm
钢筋混凝土板　300mm
隔热层　80mm
石膏板　20mm

扶手

排水沟

屋顶结构　600mm
太阳能电池板　120mm
底部构造／安装层　130mm
聚氯乙烯-薄片　1.5mm
OSB-板　22mm
支承结构 200mm
OSB-板　22mm
安装层　80mm
2x 石膏板　25mm

排水

排水

+3.39 finished floor

+2.99

+2.69

+2.59

+6.69 FB

+6.49

+6.19

+6.09

比例尺 1:50

剖面 E-E

Giacomuzzi 有限公司 _ 细部 _ 比例 1:200

面向周围环境开放。光伏发电器和太阳能电池板通过技术性手法无缝隙集成到"丝带"中，使之成为建筑的一部分，而不是将其藏起来。混凝土体量也可以调节建筑的微气候，使建筑变得生态而环保。

　　新总部大楼的顶层既开敞且直观，代表了一种现代和生态的生活模式。建筑首层外沿凸出的部分怀抱着敞开的办公空间，避免了太阳的暴晒，第二层则是展示空间。

公司简介：

　　Monovolume 建筑设计事务所自 2003 年成立以来，一直致力于建筑和设计的工作，其设计的工作领域包括城市设计、室内设计和陈设设计。该事务所的成员结识于因斯布鲁克建筑学院，并合作参与了多项目的设计和比赛，这不仅使他们积累了专业知识和经验，也培养了团队之间的合作精神和默契。

　　Monovolume 认为设计场地是创新的发源地，如何使场地上的建筑和设计相互作用，并由此呈现出新的面貌是事务所追求的目标。事务所的主要作品包括：意大利博尔扎诺的 Blaas 公司总部办公楼、意大利提洛尔的 Punibach 水力发电厂、意大利梅拉诺 M 住宅、意大利 Giacomuzzi 商业大厦等。

瑞士 Jona Enea 总部

自然
节能

设计单位：Oppenheim Architecture+Design
项目地址：瑞士 Jona
项目面积：2 787 ㎡
摄影：Martin Rütschi

项目概况

　　项目位于瑞士的上湖湖岸，是国际认证景观建筑公司 Enea Garden Design 的总部。这个木质建筑精巧典雅，简约中透出一丝古朴，天然型材的使用以及全高的玻璃立面使之与自然环境融为一体。

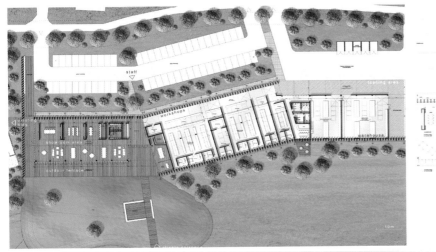

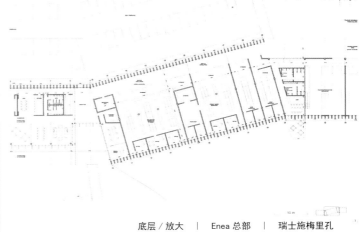

底层／放大 ｜ Enea 总部 ｜ 瑞士施梅里孔

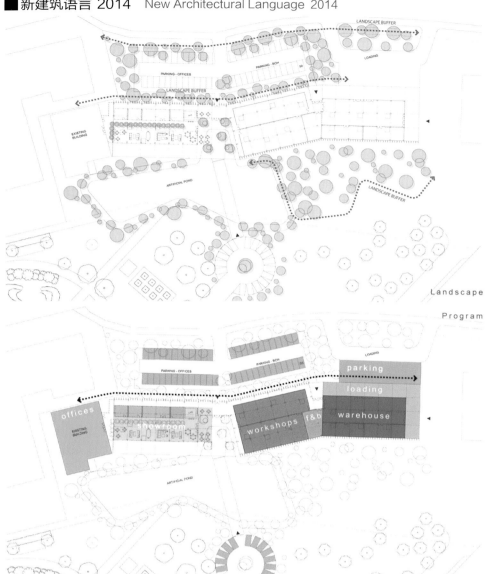

建筑设计

建筑包括了工作室、展览室、温室、仓库和行政管理区，所有的区域都与服务走廊相连，这条走廊不仅是个人行通道，同时也代表了公司的生产线。建筑使用了天然的材料，不仅呼应了周围的环境，也形成了一种清新、自然的美感。

节能是设计的重要一环，整个项目的设计概念基于如何利用自然资源而展开。比如对自然光照的利用，自然隔热系统、自然节能系统（包括地热交换、绿色屋顶等）的采用，既可以降低建筑的能耗，又可营造自然、舒适的工作环境。

建筑与景观的关系

这个单层的办公总部建立在一片如茵的草地上，面临着一个碧绿的湖泊，再加上近处的绿树以及远处的青山，周边可谓风景秀丽，赋予了这栋建筑天然的气息。朝向湖泊的全高玻璃立面，不仅使建筑拥有了良好的景观视野，而且模糊了室内外的空间界限，使建筑自然地生长在景观之中。

规划图 | Enea 总部 | 瑞士施梅里孔

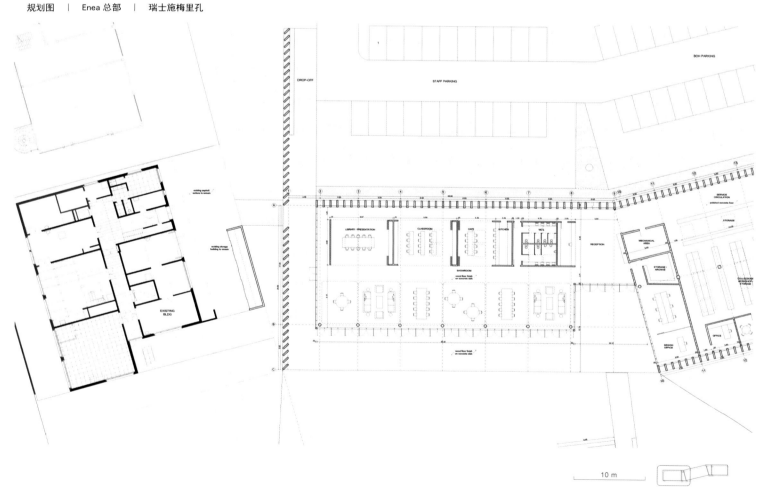

底层／放大 | Enea 总部 | 瑞士施梅里孔

10 m

84

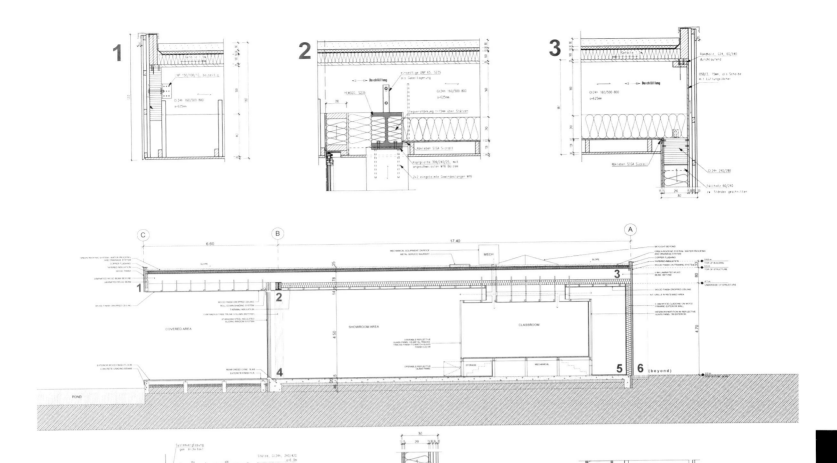

南立面

北立面

东立面   西立面

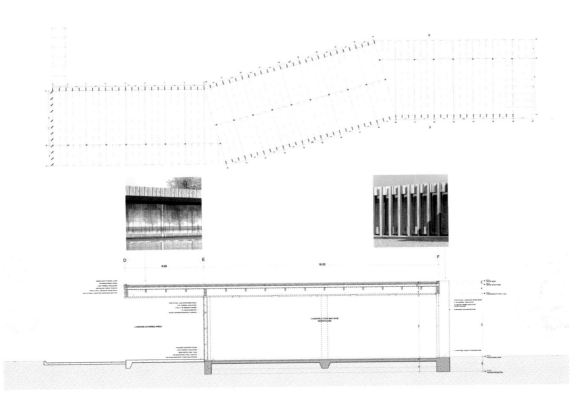

结构系统 | Enea 总部 | 瑞士施梅里孔

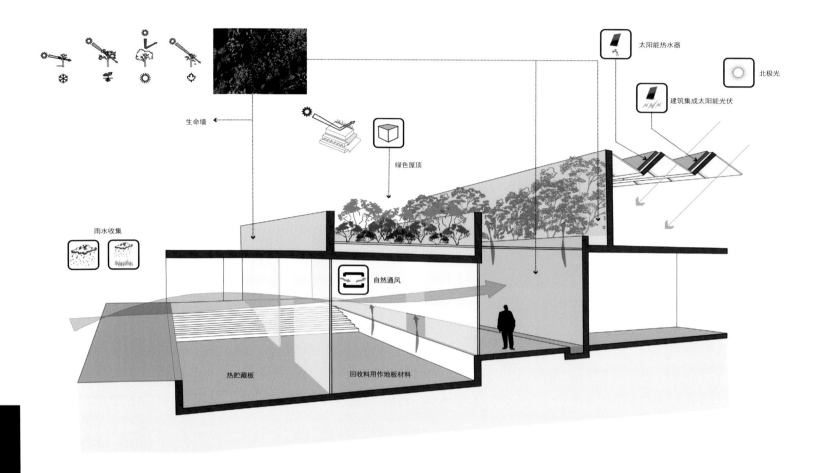

太阳能热水器

北极光

建筑集成太阳能光伏

生命墙

绿色屋顶

雨水收集

自然通风

热贮藏板

回收料用作地板材料

公司简介：

Oppenheim Architecture+Design（OAD）是一家提供建筑设计、室内设计和城市规划等全方位服务的公司。其总部位于美国佛罗里达州迈阿密市，在洛杉矶、瑞士巴塞尔设有办事处。公司由 Chad Oppenheim 创立，专注于为富有挑战性的复杂项目提供强有力的实用方案，拥有设计世界级医院、住宅和多用途建筑的丰富经验。

该公司从环境和相关规划中汲取精华，以创造一种戏剧性的、强有力的体验，同时也赋予建筑舒适感。其设计首先着眼于对客户需求的全方位分析，从而构建人性化的建筑和环境。该公司的主要作品有：Dellis Cay 别墅群、拉斯维加斯的 Hard Rock、索尼斯达毕士倾岛酒店、马可岛万豪酒店、哥伦比亚特区和亚特兰大 1 酒店等。

比利时根特市 MG 大厦

简约
立面设计

设计单位：Jaspers-Eyers Architects
开发商：De Paepe 集团
项目地址：比利时根特市
总建筑面积：36 658 ㎡

项目概况

　　高 118.4 m 的 MG 大楼也被称为比利时联合银行（KBC）大厦，是比利时布鲁塞尔地区最高的建筑。该建筑成为通往根特新环线发展区的门户，将为人们的工作、生活和休闲活动创造条件。

92

建筑设计

建筑平面以一个广场为基础，形成兼具办公空间和训练设施的高效组织形式，简洁、连贯的设计以及明确的功能分区为 KBC 银行及其终端使用者提供了一个有力的身份象征。

大厦的中心部分呈光束状，被分成两个部分，它们的定位有细微区别。从建筑右侧体量延伸出来的建筑尾端结构细长，其 25 层设置有 VIP 接待区。左边体量的顶端是一个垂悬结构的屋顶露台，位于 VIP 接待区的旁边，面向高速公路。

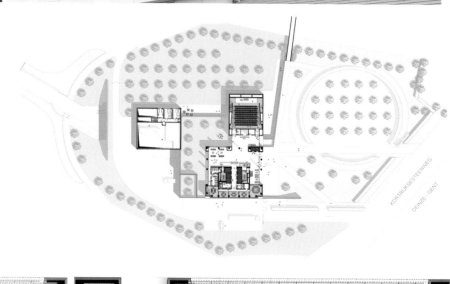

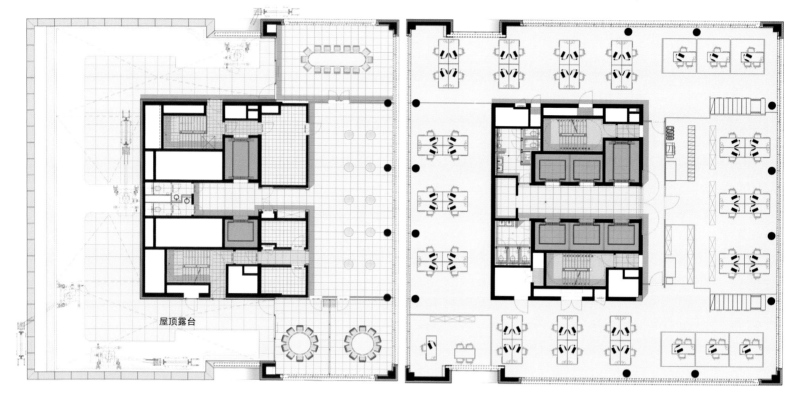

屋顶露台

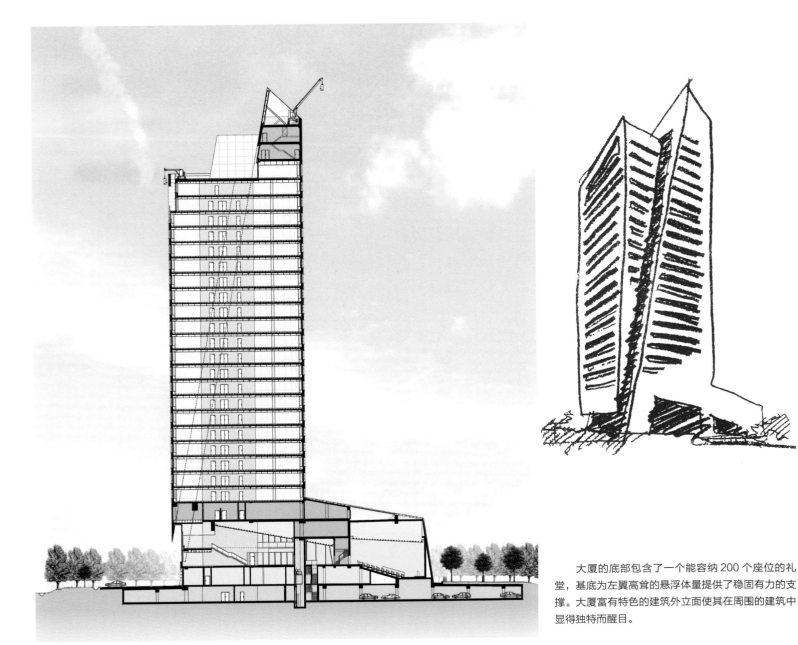

大厦的底部包含了一个能容纳 200 个座位的礼堂，基底为左翼高耸的悬浮体量提供了稳固有力的支撑。大厦富有特色的建筑外立面使其在周围的建筑中显得独特而醒目。

公司简介：

Jaspers-Eyers Architects 是一家国际性的建筑师事务所，在布鲁塞尔、鲁汶和哈塞尔特等地都设有工作室。事务所由 John Eyers 和 Jean-Michel Jaspers 领导，可为公共领域和私人领域的客户提供建筑设计、建筑方案制作、城市规划、项目整体规划、图形设计以及室内设计等全方位服务。

事务所的设计风格简洁明快，其设计关注生态环保，注重建筑和人之间的交流，以构建对人类和环境无危害的建筑。凭借多年的行业经验，以及多样化的服务特色，事务所已完成了多个成功的项目，包括 IBM 总部、Alcatel-Lucent 总部、Ageas 金融中心、KBC 银行以及各种酒店、机场、体育馆项目。当前，Jaspers-Eyers Architects 已成为欧洲和比利时最著名的建筑设计事务所之一。

德国汉堡艾瑞克斯和施皮格尔大楼

绿色建筑
低能耗

设计单位：Henning Larsen 建筑师事务所
开发商：Robert Vogel GmbH & Co Kommanditgesellschaft
　　　　ABG Baubetreuungsgesellschaft mbH & Co. KG
项目地址：德国汉堡
建筑面积：50 000 ㎡
摄影：Cordelia Ewerth

项目概况

　　项目位于德国汉堡，项目开放性的设计赋予了建筑鲜明而易于识别的建筑形象，可持续设计则使之成为一栋"金牌"环境友好型绿色建筑。

建筑设计

　　这栋轮廓分明的组合建筑层次感强，开放性的设计整合了复合的城市空间。建筑结构清晰、易于识别、有着含蓄而独特的表现力，奠定了其在区域范围内的身份和地位。

　　两大建筑设计成 U 形，施皮格尔大楼面向城市，其内部空间具有更加鲜明的城市特色；艾瑞克斯大楼朝向大型的开放公园 Lohsepark，环抱着开放的绿色户外空间。

　　项目设计概念形成过程中，可持续性和能源效率的理念发挥着重大作用。建筑设计遵从国际"绿色建筑"原则，以满足汉堡 Hafencity 地区对于"金牌"环境友好型建筑的高要求。出于这一层考虑，设计将建筑能耗控制在 100kWh/m²a 以下，该数据远远低于德国办公建筑的现行标准（243kWh/m²a）。

　　能源消耗量仅仅是评估建筑总体可持续性的一个方面，还需要对公共资源的使用、建筑材料的选择、健康舒适的工作环境的营造等建筑标准进行进一步的评估。设计通过不同技术的多元组合以及建筑材料的精细选择以达到这一黄金标准。

Lageplan 1:2000

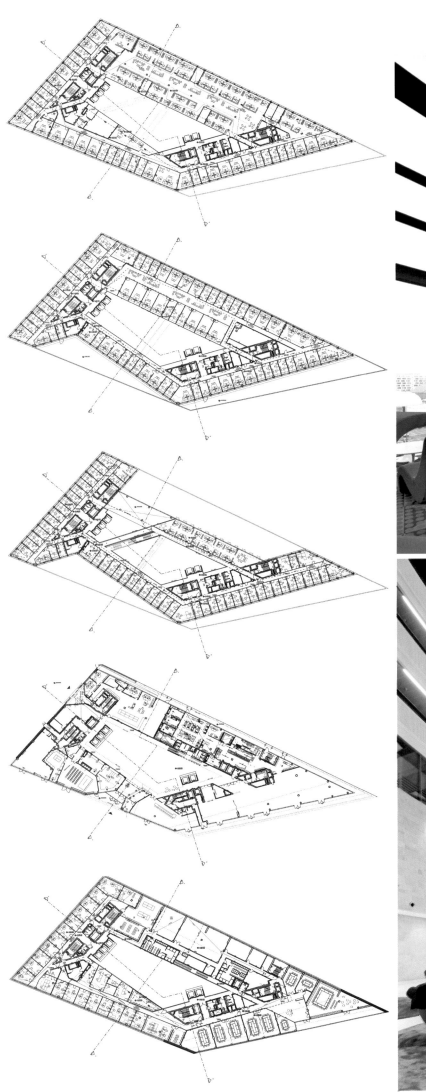

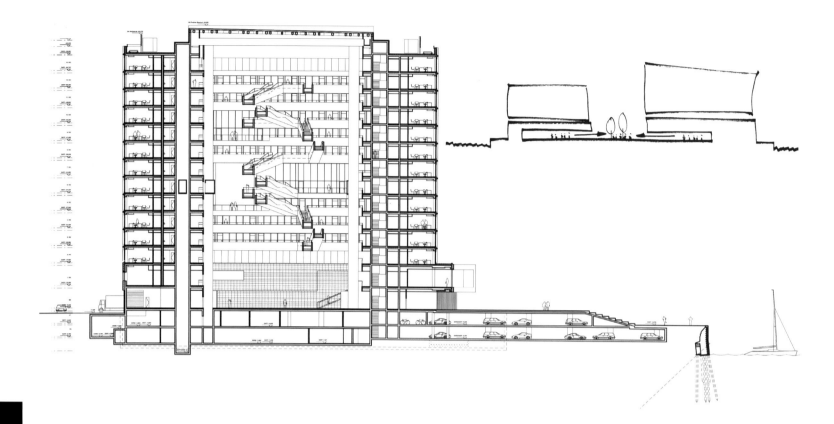

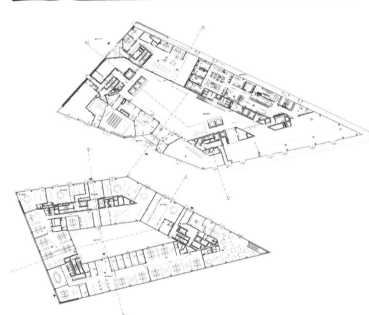

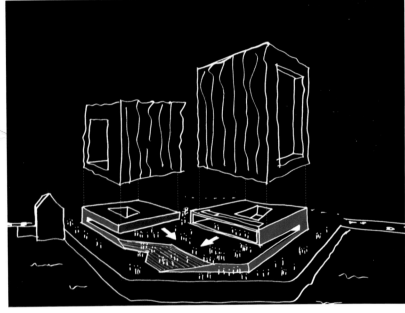

设计团队简介：

上图从左至右依次是：Jacob Kurek,
Louis Becker, Henning Larsen,Lars
Steffensen, Mette Kynne Frandsen
和 Peer Teglgaard Jeppesen。

　　Henning Larsen 建筑师事务所于 1959 年由建筑师 Henning Larsen 创立，是一家根植于斯堪的纳维亚文化的国际建筑公司。Henning Larsen 建筑师事务所由首席执行官 Mette Kynne Frandsen 以及设计总监 Louis Becker 和 Peer Teglgaard Jeppesen 负责管理，已在哥本哈根、慕尼黑、贝鲁特以及利雅得建立了办事处。

　　Henning Larsen 建筑师事务所在环境友好型建筑和综合节能设计等方面卓有建树，以创造怡人、可持续的项目为目标，给当地的人们、社会及文化创造持久的价值。设计师对项目负有高度的社会责任感，注重与客户、业主以及合作者的交流，积累了从建议书草案到细节设计、监督和施工管理等各方面的建筑知识和理论。

　　其主要作品有：在都柏林设计的"钻石"大厦、哥本哈根商业学校、瓦埃勒"波浪住宅"、格鲁吉亚巴统水族馆、瑞典于默奥(Umea)大学建筑学院楼等。

山东青岛裕龙大厦

理念创新
新技术的应用
绿色生态

设计单位：日兴设计·上海兴田建筑工程设计事务所
开发商：裕龙集团有限公司
项目地址：中国山东省青岛市
总占地面积：16 169.4 ㎡
总建筑面积：11 6840 ㎡
建筑密度：31.1%
绿化率：37.9%
容积率：5.35

项目概况

项目位于青岛市崂山区，设计在充分分析基地的地形与环境、建筑的功能与形式以及街区历史沿革和新建筑的时代感的基础上，构建了一个形式、功能、内涵相结合，适应了网络时代发展要求的、绿色生态的建筑群。

建筑设计

通过对基地环境及人文背景的分析，设计师提出了一个由私密性空间、半私密性空间、半公共性空间及公共空间构成的空间体系的设想。这一空间体系以人的心理行为为基础进行分类，表现了从内街、文化广场到城市空间的过渡。

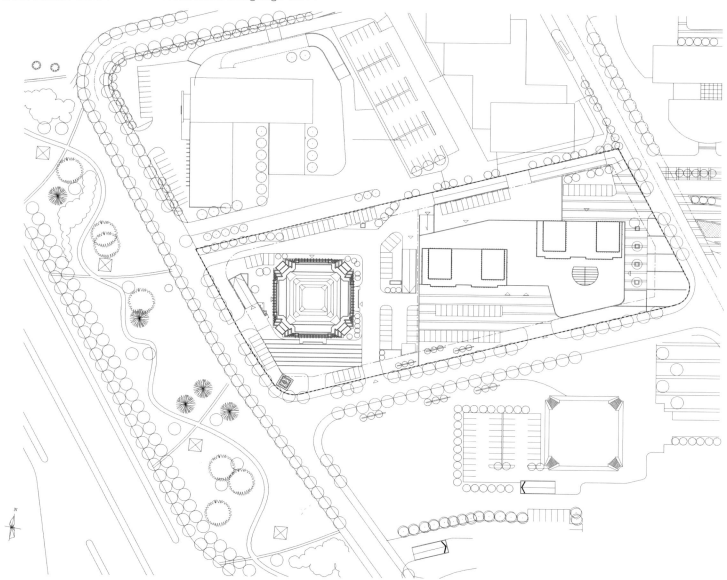

设计将这些设计要素统筹规划，通过不同的搭配形式加以调和，以创造一个多元的场所，丰富城市空间。设计摒弃了传统办公塔楼的设计概念，以小进深、大开间的板式楼为主体，使大厦沐浴在自然阳光中，同时保证每个办公角落都有良好的室外城市景观。

项目的立面造型简洁、富于时代感。设计以竖向开窗为主，营造具有速度感的立面表情，形成视觉焦点的凝聚力和体现高技术品质的视觉感受。整个建筑的外观采用玻璃幕墙，以一种活泼的手法体现这座四方形建筑的办公功能。

新技术的应用主要体现在大楼的高科技双层中空玻璃幕墙以及主动与被动相结合的太阳能利用系统中。整个塔楼被透明的双层玻璃环抱，内外两层的玻璃设置有非对位的通气百叶，在室内可自行控制开合。

设计在双层玻璃中设有多层遮阳百叶兼太阳能收集器，并与中央能源控制系统相连接，在调整射入室内光线的同时，可收集自然能源。双层玻璃的空腔也为形成室内外通风提供了有利条件，大大提高了通风效率。建成后大楼的自然通风将达到70%，热能节约在30%以上，树立了"绿色"科技大厦的形象。

公司简介：

日兴设计·NIKKO 于 1995 年由日本独资创立于中国上海，旗下有五家设计联合机构。自公司创立以来，日兴设计坚持以"博风汉骨"为创作思想，即以中国地域、历史文化为根基，博采众多异域文化之精华，努力探求传统与现代的契合，充分尊重城市文脉和地域环境，恰如其分地体现建筑与自然相辅相承的关系，营造人与自然相和谐的空间环境。

日兴设计自 1995 年创立以来，以上海为中心，辐射沿海开放城市与内地大城市，先后主持了两百多项建筑、环境景观、室内设计以及城市规划与设计项目，并屡次在国际、国内设计竞赛、投标中获奖、中标。其代表作品有：上海浦东陆家嘴中心绿地、无锡国宾馆、上海城隍庙商城、河北国宾馆、南通珠算博物馆、上海淮海路 900 商业大厦、南通海关大楼、无锡胜利门广场、青岛卓亭广场。

山东青岛卓亭广场

设计单位：日兴设计·上海兴田建筑工程设计事务所
开发商：青岛城市经营有限责任公司
项目地址：中国山东省青岛市
总占地面积：15 749 ㎡
总建筑面积：89 874.54 ㎡

空间均衡性
竖向线条立面

项目概况

项目基地位于青岛市经济技术开发区，地处城市主干道江山路西部，基地北侧是规划的城市道路。交通十分便利。同时，基地周边分别是行政办公中心、商务中心和居住生活中心，是办公、商业和居住的理想之地，极具发展潜力。

设计理念

在综合考虑城市的规划结构、景观结构后，设计师结合周边地区的生态环境和城市规划策略，通过个性化的建筑风格，从空间、形态上增强建筑的可识别性，在满足建筑使用功能的同时，力图使规划建筑群的整体形象成为地区城市形象的点睛之笔。

在整体设计上，设计师充分考虑了基地的地理条件，通过整合建筑外部环境，力图使建筑与城市环境、区域环境形成对话。设计从整体的角度出发，整合交通流线和各景观节点，并多方位、多视点地考虑整体形象，发挥地段优势。

建筑设计

设计主要考虑了建筑群与城市主干道江山路的关系，以及建筑对城市空间及景观的影响。设计合理地调整了商务、SOHO办公楼以及行政办公楼之间的布局，使各自相对独立存在，减少彼此间的干扰。

在建筑体量的组合上，设计充分考虑了城市空间的均衡性。3幢高层建筑分别设置在基地的周边，将相对舒展的商业空间置于三幢高层建筑的中央，使低矮的横向构图紧密连接高耸的竖向体块。由此形成的广场更具有领域感和可参与性。

建筑的立面构成采用了以竖向线条为主的设计手法，建筑线条逐渐向上收分，在视觉上减轻了大体量建筑的压迫感。设计尝试性地在高层建筑中使用无装饰的清水混凝土，在自然庄重中流露出时代气息。

信息化时代使人们的观念意识逐渐发生变化，其中的一个重要转变即崇尚多元化。在本项目中，设计师在采用传统风格的同时，通过先进的建筑材料赋予建筑现代的时尚气息，使融合了传统与现代风格的建筑，更具视觉冲击力。

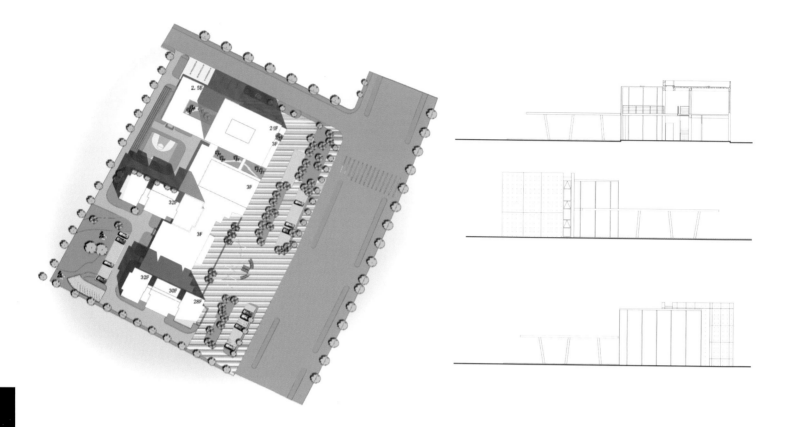

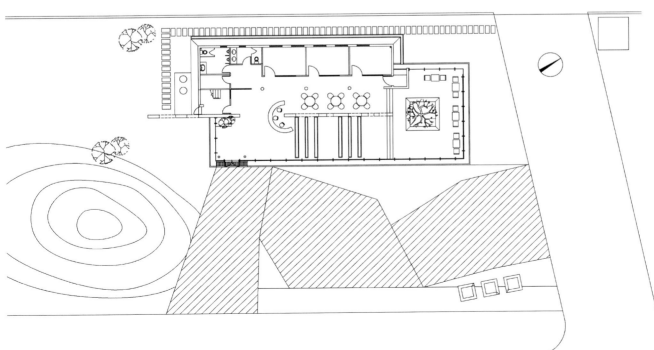

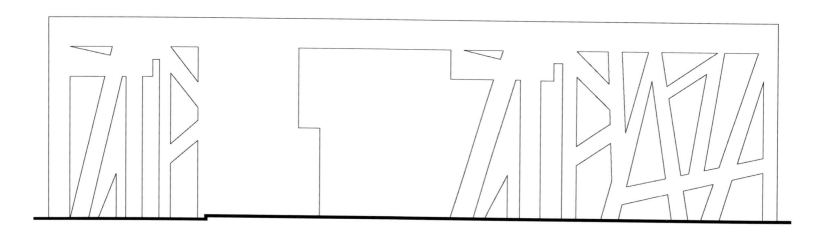

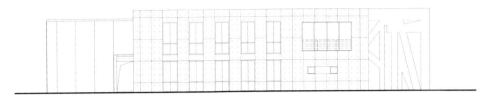

西立面

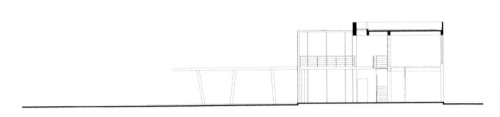

剖面图一

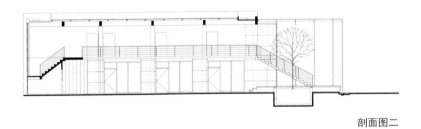

剖面图二

公司简介：

日兴设计·NIKKO 于 1995 年由日本独资创立于中国上海，旗下有五家设计联合机构。自公司创立以来，日兴设计坚持以"博风汉骨"为创作思想，即以中国地域、历史文化为根基，博采众多异域文化之精华，努力探求传统与现代的契合，充分尊重城市文脉和地域环境，恰如其分地体现建筑与自然相辅相承的关系，营造人与自然相和谐的空间环境。

日兴设计自 1995 年创立以来，以上海为中心，辐射沿海开放城市与内地大城市，先后主持了两百多项建筑、环境景观、室内设计以及城市规划与设计项目，并屡次在国际、国内设计竞赛、投标中获奖、中标。其代表作品有：上海浦东陆家嘴中心绿地、无锡国宾馆、上海城隍庙商城、河北国宾馆、南通珠算博物馆、上海淮海路 900 商业大厦、南通海关大楼、无锡胜利门广场、青岛卓亭广场。

菲律宾义达市 Net Metropolis

设计单位：Oppenheim Architecture+Design
开发单位：世界绿色建筑委员会
项目地址：菲律宾达义市

绿色建筑
太阳板覆盖层

项目概况

　　Net Metropolis 位于菲律宾中央商务区的首要中心，是世界绿色建筑委员会在菲律宾的唯一一个试点项目，被视为开发商新一代生态型建筑的标志。

绿色建筑
太阳板覆盖层

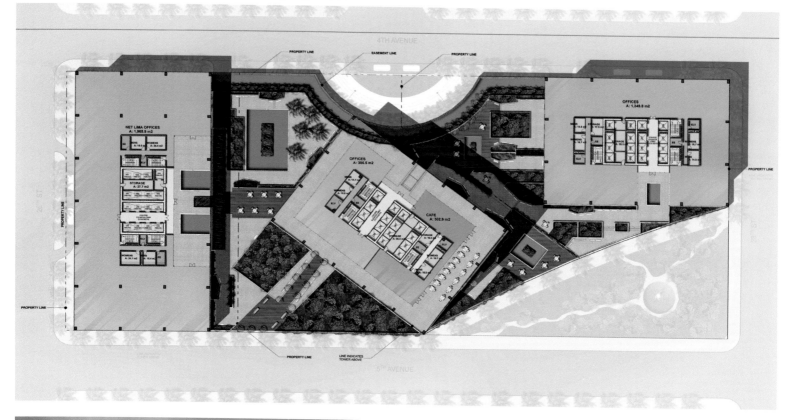

建筑设计

　　Net Metropolis 的车辆禁行区有 3 栋办公大楼，高度在 24 ~ 40 层之间，建在 6 层高的停车场上方。全拱廊的零售区和停车场裙楼在两个公园的作用下，不仅成为了舒适的开放空间，也成为了一个景观焦点。

　　经过对太阳能条件和外部景观的研究，这 3 栋大厦的朝向互相偏离了其他两栋建筑的轴线，以扇形的形态呈阶梯状展开。这样的布局方式保证了每栋建筑都处于最佳的位置，从而使建筑享有最佳的视野和光照条件。

　　每一栋大厦都包裹着铝质的太阳板覆盖层，这些高端的覆盖层呈对角交叉排列，以使太阳能辐射热获得最小化。同时，这些覆盖层也丰富了建筑的立面效果，交叉排列的线条使立面呈现出鲜明的层次感。

公司简介：

Oppenheim Architecture+Design（OAD）是一家提供建筑设计、室内设计和城市规划等全方位服务的公司。其总部位于美国佛罗里达州迈阿密市，在洛杉矶、瑞士巴塞尔设有办事处。公司由 Chad Oppenheim 创立，专注于为富有挑战性的复杂项目提供强有力的实用方案，拥有设计世界级医院、住宅和多用途建筑的丰富经验。

该公司从环境和相关规划中汲取精华，以创造一种戏剧性的、强有力的体验，同时也赋予建筑舒适感。其设计首先着眼于对客户需求的全方位分析，从而构建人性化的建筑和环境。该公司的主要作品有：Dellis Cay 别墅群、拉斯维加斯的 Hard Rock、索尼斯达毕士倾岛酒店、马可岛万豪酒店、哥伦比亚特区和亚特兰大 1 酒店等。

上海主角

悬浮建筑
体量切割

设计单位：日本 M.A.O. 一级建筑士事务所
开发商：上海恒地仓投资有限公司
项目地址：中国上海市

项目概况

    如何在一个城市整体形象混乱、缺乏特色和亮点的区域构建一个体现新的时代需求、代表着未来城市精神的地标性建筑是设计的主要目标和挑战。

设计构思

    项目基地处在人流量相对较少的地块上，基地形如口袋，三面封闭且被许多高30m以上的建筑遮挡，只有朝向柳州路的一面可以开口，临街面很窄。

    若按传统的设计手法处理，将建筑直接坐落于基地上，不管怎么调整建筑体量，都难以利用余下的基地空间，故设计师打破常规思路，将建筑体悬浮起来，从而将整个基地变成了一个4 800m² 的超大尺度的"大堂"，既满足了建筑的功能需求，又充分发掘了基地的价值。

建筑设计

设计将建筑物整体抬高 10 m ~ 12 m，使一、二层架空，由此形成一个宽敞的商业综合楼空间。在大厅内，设计以平整宽广的镜面水为基本元素，水中倒影和因反射而形成的光斑充满了整个大厅，使人置身于一个迷幻而又富于想象的光影空间。

被抬高的建筑体量被分割开来，切割后的体块前后左右移动错位，呼应了周边的环境；而体块之间产生的空隙，则成为了一些更诗意的空间：它们既可以作为休憩平台，也可以成为光井，而且处在不同的楼层可拥有不同的视野。这种多变性的空间设计为智能型的办公空间提供了充足的条件，更为标准层的设计提供了一种新的模式。

立面设计也是项目的一大特色。建筑的南立面采用玻璃幕墙，玻璃面上贴有点状的花纹，从室内向室外看时，外界的风景好似笼罩了一层薄雾，产生了一种梦幻的效果。北立面被穿孔铝板覆盖，强调了建筑的体块感。南北立面各不相同又相映成趣，构成了这个区域的视觉焦点。

公司简介：

日本 M.A.O. 一级建筑士事务所是一家国际化的建筑事务所，一个拥有创作理想的主流事务所，在城市综合体、旅游综合体、商业、办公、高端住宅、个性化开发项目等领域业绩显著，并逐渐成为此领域开发商的首选设计公司。M.A.O. 以其强大的创造力与全新的设计理念得到众多国内知名大型房地产企业及建筑业同行的一致认可，在业界享有很高的美誉度，同时也为业主赢得了广泛的社会效益和经济效益。

该事务所获得的奖项主要包括：时代楼盘上海主角荣获 2011"年度最佳写字楼"二等奖；罗浮·天赋荣登中国十大超级豪宅；荣获 Di·2011年度最佳商业地产品牌设计机构奖；被评为 2005年度 CIHAF 中国建筑十大品牌影响力规划建筑设计公司；被评为 2004 年度 CIHAF 中国建筑十大品牌影响力景观设计公司。

上海万科 VMO

设计单位：马达思班建筑设计事务所
开发商：上海万科房地产有限公司
项目地址：中国上海市
占地面积：90 650 ㎡
建筑面积：38 123 ㎡

项目概况

  万科 VMO 位于上海浦江中心镇核心区域，紧邻万科翡翠别墅和新浦江城，是万科最新开发的一个低密度生态型高端商务办公楼项目。项目定位为"大师级生态独栋办公楼"，这不仅指向开发商的品牌实力，也是设计师与万科建筑理想高度契合之后的大师之作。

设计特色——生态建筑

  生态建筑是项目区别于以往办公建筑的独特之处。生态建筑是指在建筑体本身的生命周期里，最大限度地降低资源消耗和废弃物的产量。设计利用场地周边的自然环境，将其充分融入建筑群中，使建筑群更适合使用。

建筑设计

  3 座主体建筑以推拉的抽屉群的形态存在，这些抽屉从建筑内部延展出来，把周边的景观一并揽入室内，形成了一幅美妙的山水画，内外辉映。单体办公楼多以玻璃砖为外立面，玻璃砖的颜色随室内空间而变化，在一个较小的尺度上体现了整体的设计意图。

节能设计

  建筑体和整体地下车库利用了中庭空间，使建筑体和园区实现最大化的自然通风，同时采用空调 VRV 系统最大化提高能量效率。

  由于园区内建筑为办公空间，所以建筑立面采用了高性能玻璃砖和玻璃窗交叉分布的方式，最大限度地减少了白天建筑内部人工照明的时间。同时在部分建筑顶部也配有高效能的太阳能板，用来缓解园区内公共区域的能源需求。

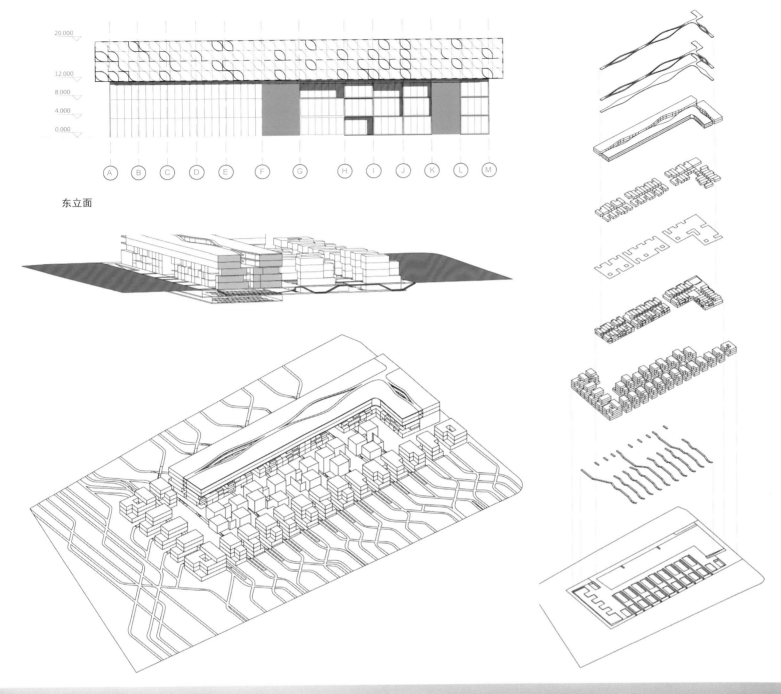

20.000
12.000
8.000
4.000
0.000

Ⓐ Ⓑ Ⓒ Ⓓ Ⓔ Ⓕ Ⓖ Ⓗ Ⓘ Ⓙ Ⓚ Ⓛ Ⓜ

东立面

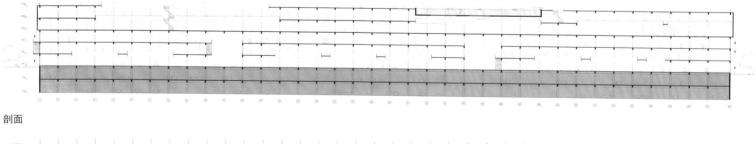

剖面

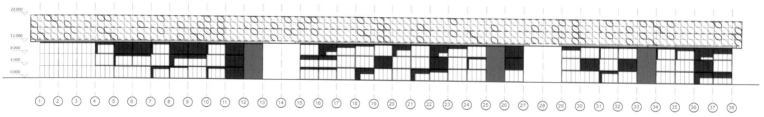

北立面

公司简介：

马达思班（MADA s.p.a.m.）建筑设计事务所是中国建筑界在典型社会转型期产生的一个非典型性实践团体。从1995年起，事务所先后在深圳、上海、宁波、西安、成都、杭州、天津、北京等城市以各种形式参与设计业务。2000年后马达思班建筑师事务所正式在北京、上海成立中国设计事务所，

它旨在以精湛的专业技术综合工作的平台，为业主提供高标准的服务，与此同时以优秀的作品强化我们的建筑环境。

马达思班从多领域、多角度、多层次对建筑以及建筑所处的社会人文处境进行介入，使之在发展过程中形成了多样的设计风格和设计视角，在不断

走向成熟的过程中保持了对设计的敏锐度。其主要作品有：玉山石柴、青浦浦阳阁图书馆、西安广屯世纪园、朱家角行政中心、雷诺卡车总部、北京光华路SOHO、上海自然博物馆、新余自然博物馆、深圳特区纪念公园。

奥地利格拉茨工程师之家

新技术的运用
地热循环利用
节能环保

设计单位：Ernst Giselbrecht + Partner ZT GmbH
开发商：HDI Projekterrichtungs GmbH
项目地址：奥地利斯蒂里尔省格拉茨
总建筑面积：2 000 ㎡
设计团队：DI Ren é Traby　　　DI Walter Gabbauer
　　　　　DI Christian Liegl　　Christoph Wagner

项目概况

  位于奥地利斯蒂尔省格拉茨市 Raiffeisen 路的工程师之家是建筑工程师 Rudolf&VP、Peter Mandl 和 Thomas Lorenz 为自己量身定做的共享空间。这个为工程师自己构建的高品质工作空间是培养自身终极梦想的摇篮，是一个代表了建筑文化的符号，并引领周边空间的发展方向。设计除了关注建筑本身的结构与外观、当地城市化发展程度，还注重未来导向、内部工程以及能源效率等问题。

建筑设计

  建筑以一个宽敞的屋顶平台的形式出现，从这里，人们可以欣赏格拉茨的城市风景以及周边的景色。呈圆周循环状的简洁外立面并没有在角落或空间的重塑中被打破，它引导人们注意到这样一个事实：建筑本身作为一种动态的元素，为新型的城市化进程提供动力。

  办公室光线充足，新的 LED 技术为空间提供了人造光源。地热循环的利用，以一种环保且可持续的方式为建筑提供热量，使建筑变得绿色而环保。同时，采光和声学效果在设计中的运用也是项目的一个亮点。

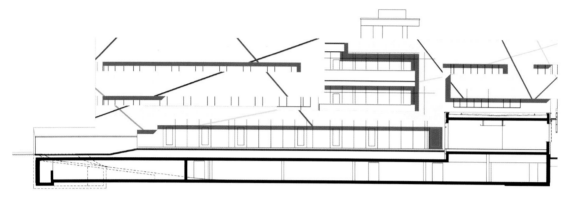

备注：图上彩色线条仅供研究

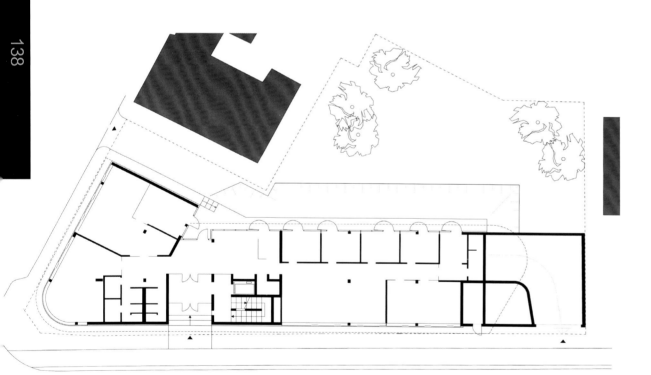

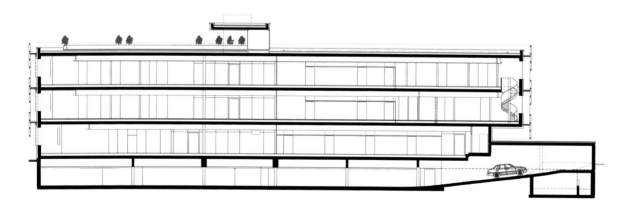

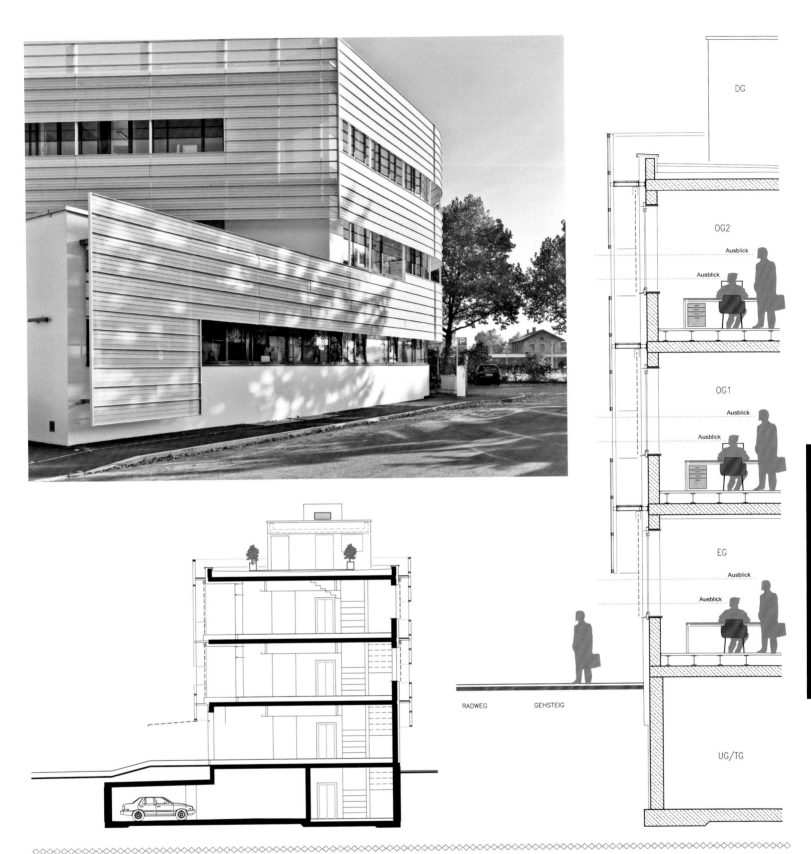

DG

OG2

Ausblick

Ausblick

OG1

Ausblick

Ausblick

EG

Ausblick

Ausblick

RADWEG　　GEHSTEIG

UG/TG

设计师简介：

Ernst Giselbrecht

Ernst Giselbrecht 1951 年出生于奥地利多恩比恩，被视为格拉茨学派当代的领导人物。*Giselbrecht* 认为一项真正的设计包括结构部分的自主性和可读性，以及对现代技术的含蓄运用等要素。*Giselbrecht* 涉及的主要领域有教育类和住宅类建筑、办公楼和工作坊以及行政类建筑。*Giselbrecht* 设计的建筑兼顾了地域性和功能性，选材较为精简。

西班牙萨莫拉 JUNTA DE CASTILLA Y LEÓN 办公室

隐形建筑

项目概况

　　JUNTA DE CASTILLA Y LEÓN 办公室位于西班牙萨莫拉，这座隐形的办公室位于砂岩围墙后面，外墙由通体透明的玻璃构成，看上去仿佛是由空气制成的。

设计单位：Alberto Campo Baeza

开发商：Junta de Castilla y León. Consejería de Hacienda

项目地址：西班牙萨莫拉

项目面积：12 100 ㎡

设计团队：Pablo Fernández Lorenzo　　Pablo Redondo Díez
　　　　　Alfonso González Gaisán　　Francisco Blanco Velasco
　　　　　Ignacio Aguirre López　　　Miguel Ciria Hernández
　　　　　Alejandro Cervilla García　Emilio Delgado Martos
　　　　　Petter Palander　　　　　　Sergio Sánchez Muñoz

摄影：Javier Callejas Sevilla

0   5,40   21,6m

纵剖面

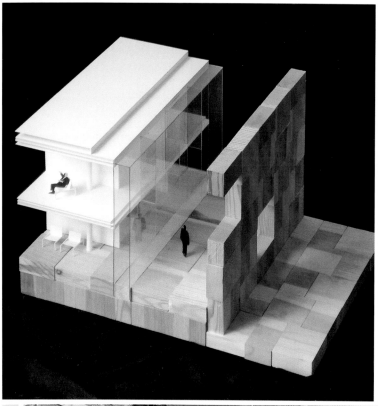

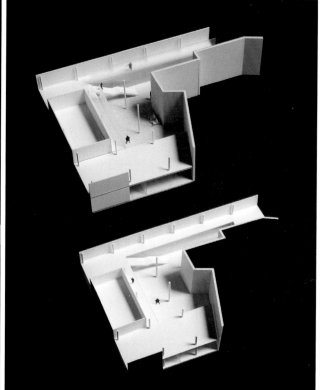

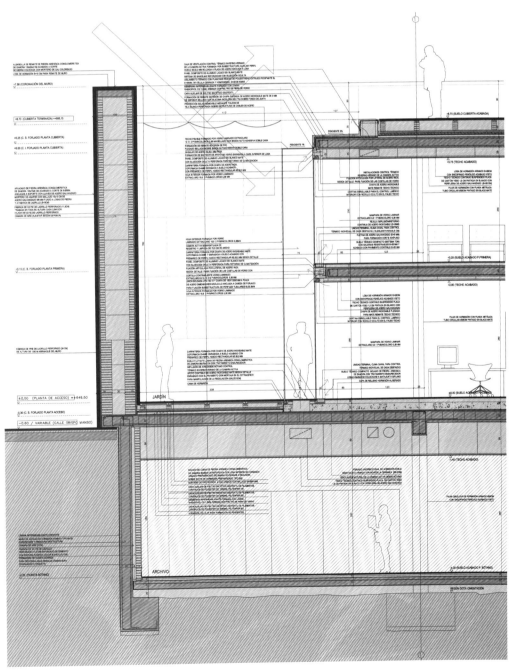

建筑设计

    建筑朝向大教堂，设计师沿着原有的女修道院的菜园轮廓围合了一个牢固的石墙壁箱，形成了一个真正的封闭式庭院。建筑师使办公室的围墙质感和与其相邻的城市西部的大罗马式大教堂的质感相吻合，甚至场地的铺地都选用此种石材，让围墙内部整体统一，看上去干净简洁。

    建筑有着双层的玻璃外观，就像一扇太阳能吸热壁。组成办公室外墙的玻璃幕墙每块之间仅仅用一些硅胶连接，除了玻璃几乎看不到任何固定构件，让人产生建筑由空气构成的错觉，非常通透。

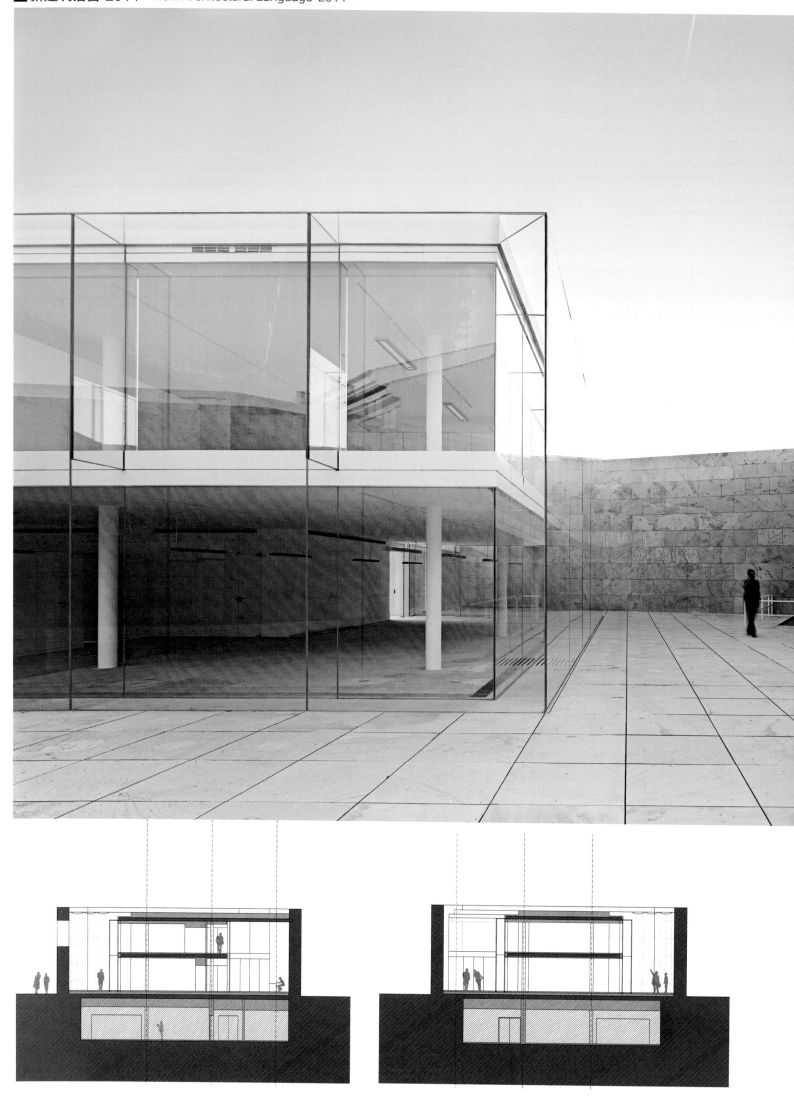

横截面

0　　5,40　　　　21,6m

横截面

设计师简介：

Alberto Campo Baeza

Alberto Campo Baeza 出生在巴里亚多利德，其祖父曾是当地的建筑师，他自小就接触了建筑学并立志成为一名建筑师。Alberto Campo Baeza 在马德里高等建筑技术学院学习建筑学，多年的学习使他积累了丰富的专业知识。

Alberto Campo Baeza 设计了众多的项目，包括马德里的独栋家庭住宅 Casa Turégano 和 Casa de Blas；加的斯 Casa Gaspar、Casa Asencio 和 Casa Guerrero 住宅；纽约加里森 Olnick Spanu 住宅；格拉纳达储蓄银行总部；安达卢西亚博物馆等多个项目。

Alberto Campo Baeza 获得了多个荣誉与奖项，2009 年布宜诺斯艾利斯双年展上 Alberto Campo Baeza 凭借威尼斯贝纳通托儿所和格拉纳达 MA 博物馆获奖；2010 年他由美国艺术和文学院提名获得阿诺德·W. 布鲁纳纪念奖。

天津于家堡工程指挥中心

设计单位：华汇设计（北京）
开发商：天津滨海新区政府
项目地址：中国天津市
摄影：魏　刚　王振飞

采光设计
逻辑构图

项目概况

　　项目选址在于家堡半岛东北部，起步区一期
"9+3"地块的北部，位于连接东北方向塘沽老城区
的水线路与连接西侧响锣湾商务区的永泰路的交口
处。项目承载着展示推介、会议交流等多项公共职能，
把对既定功能分区的采光分析转化为曲面构图的设计
手法是项目的特色之处。

建筑设计

　　作为整个金融区的工程管理中心，该建筑不同于
普通办公楼所常见的内廊、中庭、单元化以及开敞外
立面的形式。管理监督职能是其特有的重要功能，因
而需要有贯通的空间，以便随时随地掌握各个方位的
工程进度，故而二层以上的房间的外侧均设有环通的
走廊，以便于对整个工地进行观察。

　　根据房间功能的不同，建筑师将立面按采光要求
的高低分为办公、休息、大厅、库房、电梯厅等区域。
设计借由既定的功能划分对采光需要进行分析，通过
程式将各自不同的采光信息转化成曲面图样，其中每
点的高低对应着该点采光率的高低。立面结构只需依
此图样设置，便可满足其所在位置的采光需求，同时
这也为外廊生成了景窗，使观赏过程变得更加有趣。

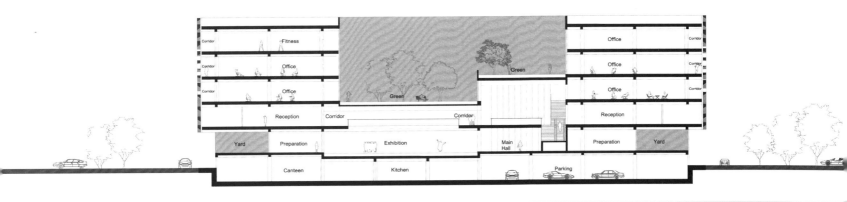

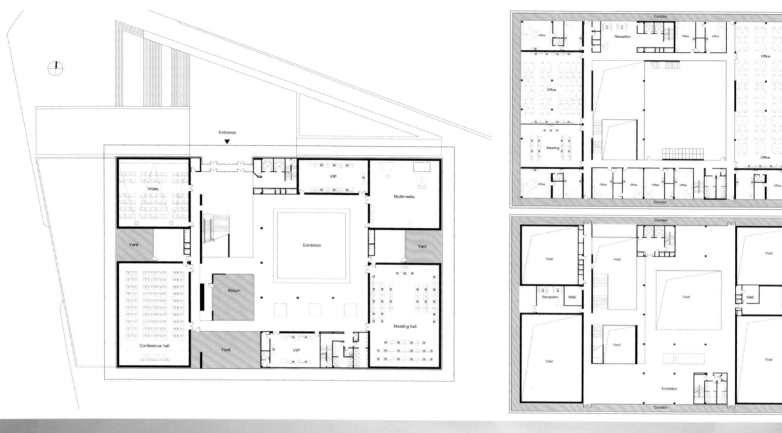

立面构件被设计成一系列的以旋转为逻辑，改变采光率的几何构件，构件间既有连续的拓扑等价变化，又有连续的拓扑不等价变化，即由开放式的、线性的、高采光率的景窗连续变化到封闭的、四边形及六边形的低采光率景窗。不同于单纯通过同一面上遮挡面积的变化而形成的立面那样直白，也不似通过透明度变化形成的立面那样隐晦，这种逻辑形成的图案更加立体而分明，变化也更加丰富。

设计充分体现了即使是极为简单的几何关联关系，在对其特性进行充分研究以后，只经过简单的罗列，也可以产生丰富的几何变换关系。即这个曲面可通过另外一段脚本的运算用于控制不同模块的安装排列。

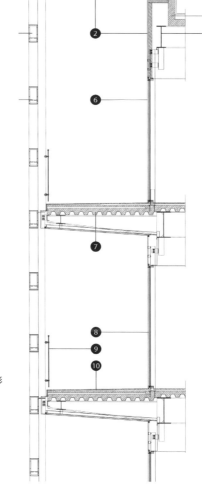

1. 预制铝板幕墙组件
2. 铝板
3. 挤塑板绝缘
4. 钢梁
5. 幕墙组件在接头处用螺栓拴住
6. 铝质框架玻璃幕墙
7. 钢筋混凝土板
8. 双层玻璃
9. 钢化安全玻璃
10. 石质地板终饰

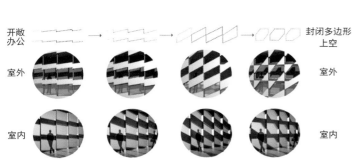

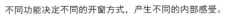

不同功能决定不同的开窗方式，产生不同的内部感受。

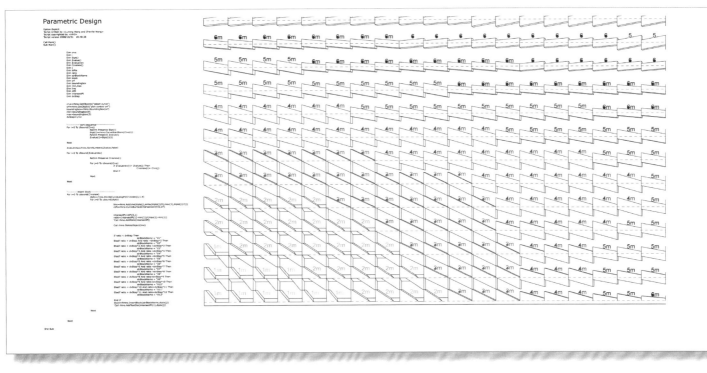

公司简介：

　　华汇设计（北京）是一个由年轻建筑师、设计师、程序设计师等组成的事务所。事务所主要研究和探讨参数化设计及可持续发展等问题，致力于将不同领域的知识创造性地带入建筑设计，借由不同的设计方法和设计过程提出有别于常规的意料之外的设计方案。事务所涉猎的领域广泛，包括数学、几何学、算法技术、建筑信息模型、电子学、人工智能学等方面，同时事务所也注重与包括艺术家、服装设计师、数学家、工程师等在内的各界人士进行跨界合作，通过这一途径探索新设计的可能性。

　　公司主要负责人兼主持建筑师王鹿鸣于2007年毕业于荷兰贝尔拉格学院，旅欧期间曾就职于荷兰UNStudio事务所；公司主要负责人兼主持建筑师王振飞2007年毕业于荷兰贝尔拉格学院，旅欧期间曾就职于荷兰UNStudio事务所和MVRDV事务所，2008年与王鹿鸣一起创立了华汇设计北京分公司。

法国巴黎 Autonome 港口 A1 建筑

简单
金属挡板

设计单位：Dietmar Feichtinger Architectes
开发商：Port Autonome de Paris
项目地址：法国巴黎
建筑面积：1 980 ㎡
设计团队：Ulrike Plos　　José-Luis Fuentes
Wolfgang Juen　Marta Mendoça

法国巴黎 Autonome 港口 A1 建筑

简单
金属挡板

项目概况

　　项目位于巴黎塞纳河畔，设计通过美学方式构建了各类空间，既将建筑融入到周边的工业环境和商业环境中，又展示了建筑微妙的独立性。

建筑设计

　　这是一个由简单的骨架结构支撑的建筑，建筑的表面上都装有玻璃，以形成开放式的办公空间。建筑最显著的特点就是外立面上由阳极氧化铝板构成的覆盖层。除了北面，建筑的其他三面都覆盖着铝板，可以有效地遮挡阳光。

　　这些穿孔金属板构成的挡板可在建筑内部进行调整。挡板整体上以垂直的方式排列，可以更好地阻隔正午的太阳光照。金属挡板外表皮不仅仅具有功能性，同时也是一种美学元素，其颜色和构造仿若集装箱上的波纹金属，具有独特的美学象征意义。

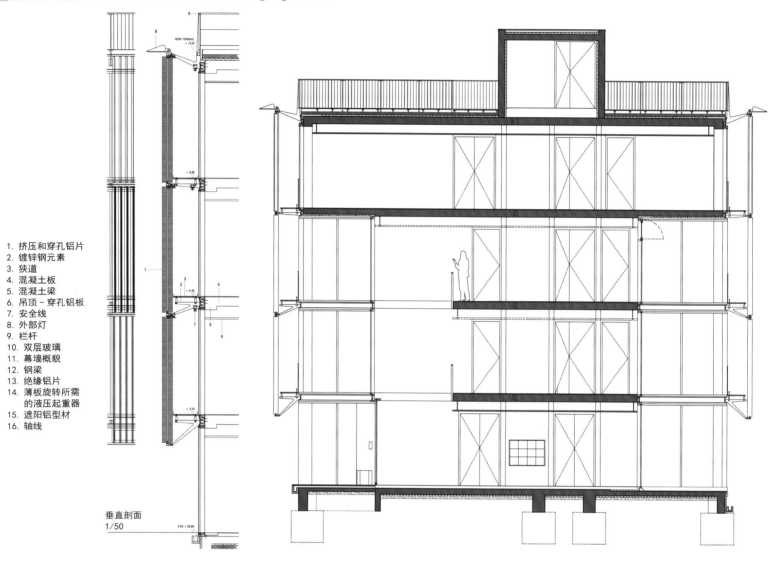

1. 挤压和穿孔铝片
2. 镀锌钢元素
3. 狭道
4. 混凝土板
5. 混凝土梁
6. 吊顶－穿孔铝板
7. 安全线
8. 外部灯
9. 栏杆
10. 双层玻璃
11. 幕墙概貌
12. 钢梁
13. 绝缘铝片
14. 薄板旋转所需的液压起重器
15. 遮阳铝型材
16. 轴线

垂直剖面
1/50

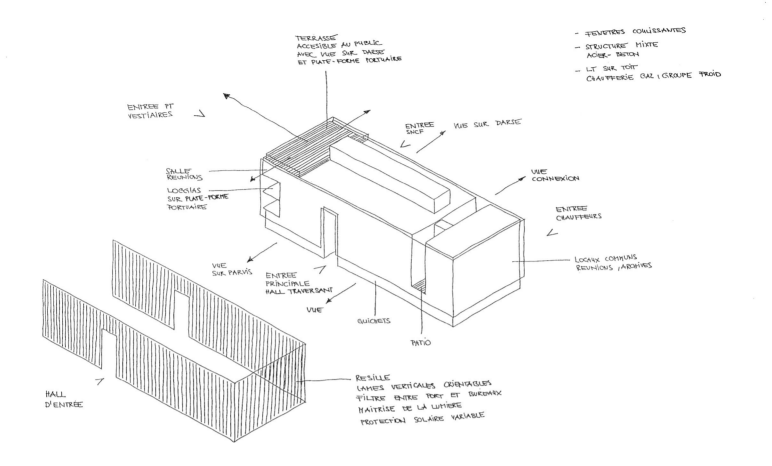

TERRASSE
ACCESIBLE AU PUBLIC
AVEC VUE SUR DARSE
ET PLATE-FORME PORTUAIRE

- FENETRES COULISSANTES
- STRUCTURE MIXTE
  ACIER- BETON
- LT SUR TOIT
  CHAUFFERIE GAZ / GROUPE FROID

ENTREE PT
VESTIAIRES

ENTREE
SNCF   VUE SUR DARSE

SALLE
REUNIONS

VUE
CONNEXION

LOGGIAS
SUR PLATE-FORME
PORTUAIRE

ENTREE
CHAUFFEURS

VUE
SUR PARVIS

ENTREE
PRINCIPALE
HALL TRAVERSANT

LOCAUX COMMUNS
REUNIONS / ARCHIVES

VUE

GUICHETS

PATIO

RESILLE
LAMES VERTICALES ORIENTABLES
FILTRE ENTRE PORT ET BUREAUX
MAITRISE DE LA LUMIERE
PROTECTION SOLAIRE VARIABLE

HALL
D'ENTREE

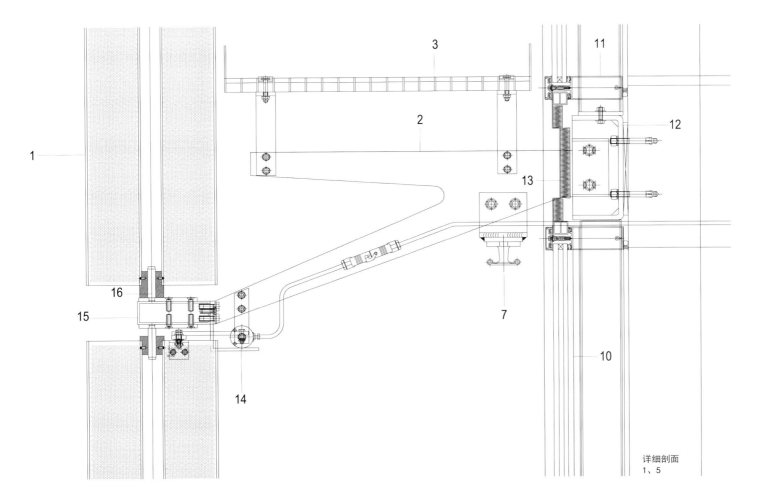

详细剖面
1、5

公司简介：

Dietmar Feichtinger Architectes 于 1993 年由 Dietmar Feichtinger 在巴黎建立，事务所在维也纳设有办事处，主要处理欧洲境内的业务。其工作范围涉及建筑设计和工程建设，同时也探讨这两者之间的动态关系。DFA 一直致力于寻找环保和可持续发展的设计方案，以构筑典雅而人性化的建筑。

该事务所的主要作品有：维也纳 Mischek 住宅、图尔恩 VI 住宅、巴黎 Zac Claude Bernard 社会住宅、埃夫里学生公寓、蒙特勒伊城市中心、The blue Stick——克拉科夫电影院和购物中心、谢拉德明世界滑雪锦标赛媒体中心、巴黎 Jules Ladoumègue 体育中心、奥地利联合钢铁公司办公楼、法国楠泰尔 Lucie Aubrac 学校、奥地利克雷姆斯多瑙大学、克拉根福州立医院、杜埃展览及活动中心、奥斯坦德火车站、萨尔茨堡多功能厅和会议中心等。

葡萄牙圣若昂－达马德拉 SANJOTEC

设计单位：João Álvaro Rocha-Arqiitectos
项目地址：葡萄牙圣若昂－达马德拉
总建筑面积：9 300 ㎡
摄影：Luís Ferreira Alves

天井概念
梯形平台

项目概况

　　项目位于葡萄牙圣若昂－达马德拉，设计师将其设想为一个"小型的广场"，通过对建筑形态的塑造，重新阐释和强化了天井的概念。

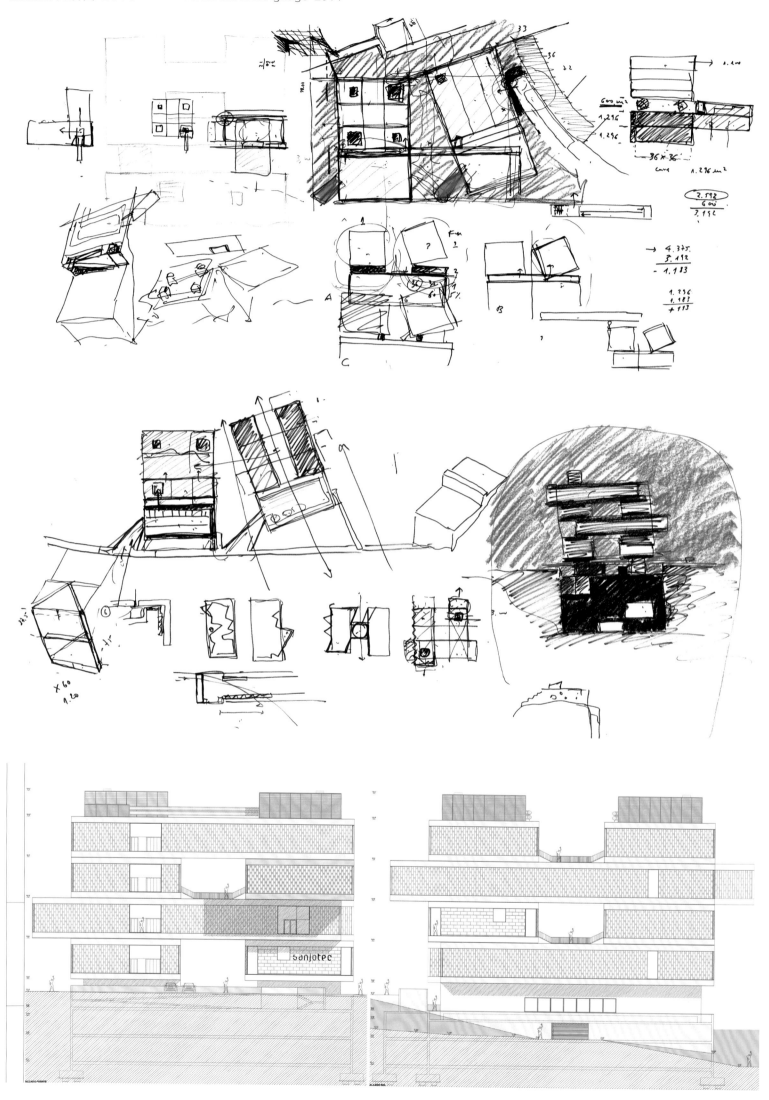

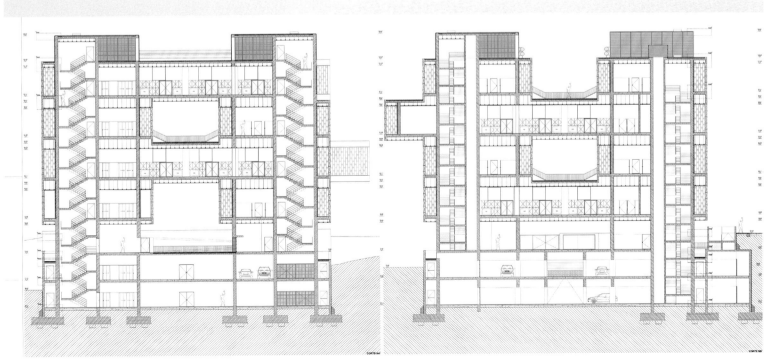

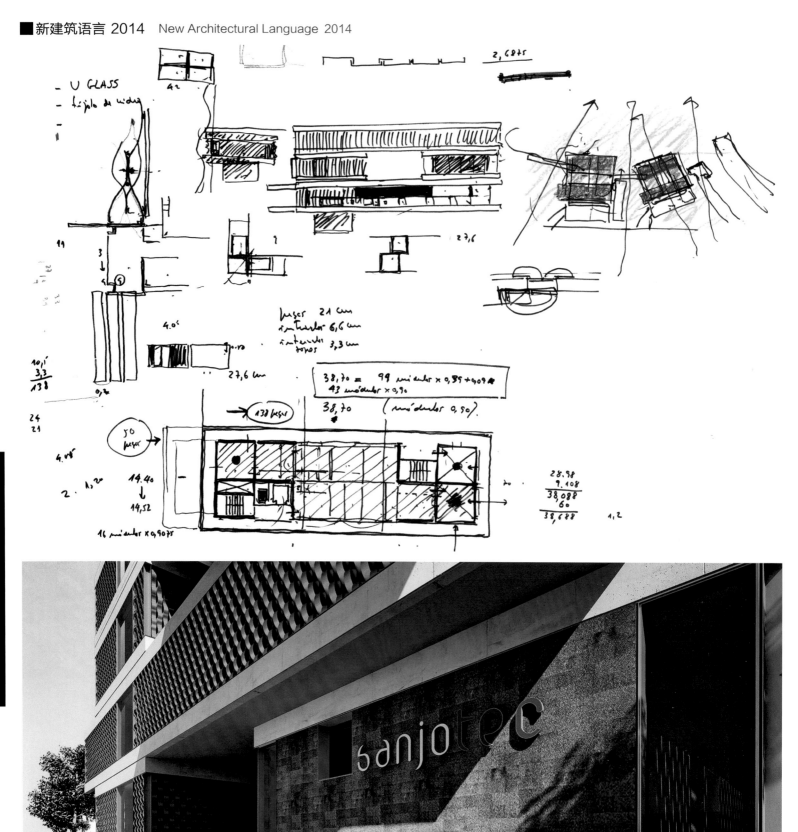

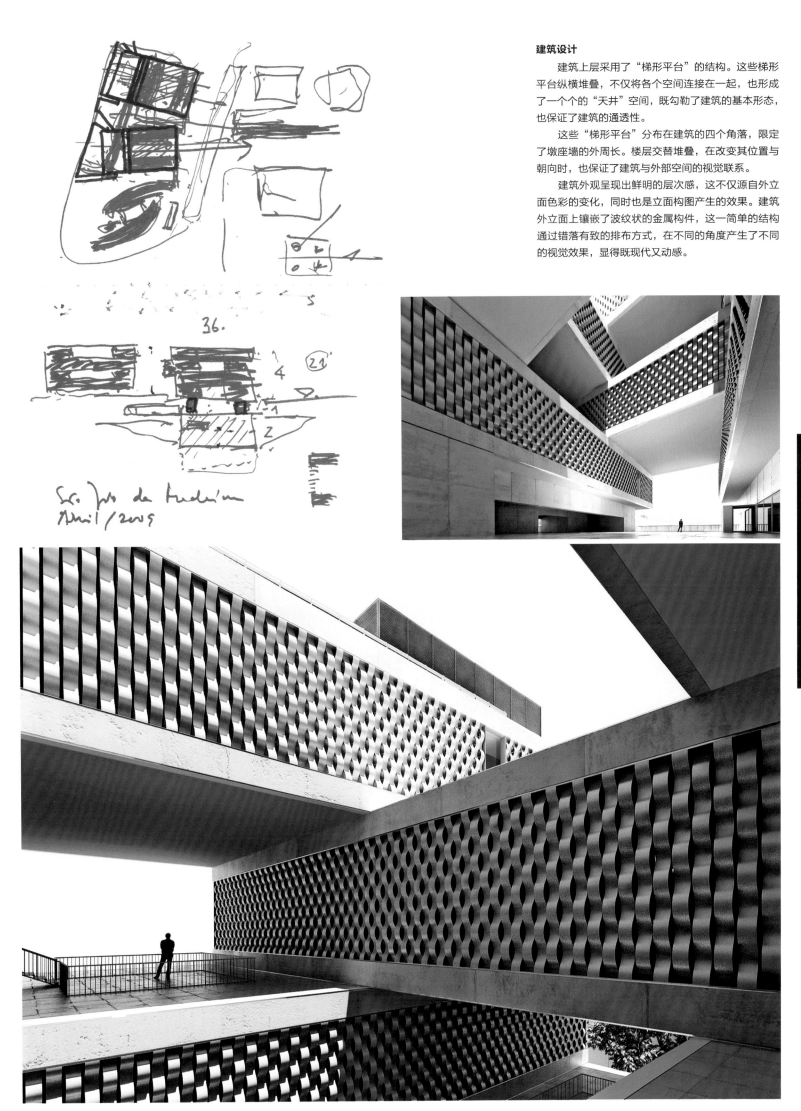

建筑设计

　　建筑上层采用了"梯形平台"的结构。这些梯形平台纵横堆叠，不仅将各个空间连接在一起，也形成了一个个的"天井"空间，既勾勒了建筑的基本形态，也保证了建筑的通透性。

　　这些"梯形平台"分布在建筑的四个角落，限定了墩座墙的外周长。楼层交替堆叠，在改变其位置与朝向时，也保证了建筑与外部空间的视觉联系。

　　建筑外观呈现出鲜明的层次感，这不仅源自外立面色彩的变化，同时也是立面构图产生的效果。建筑外立面上镶嵌了波纹状的金属构件，这一简单的结构通过错落有致的排布方式，在不同的角度产生了不同的视觉效果，显得既现代又动感。

法国格勒诺布尔 GMCD

凹口结构
多样化外观

设计单位：法国 Hérault Arnod Architectes
开发商：格勒诺布尔阿尔卑斯大都会
项目地址：法国伊泽尔省格勒诺布尔
总建筑面积：2 800 ㎡
摄影：André Morin

项目概况

　　格勒诺布尔 GMCD 是一个非常现代的、具有前瞻性的项目。设计源自建筑本身的内在逻辑性，项目好比一个机械装置，每一个部分都是一个自主的元素，通过与其他元素相互作用而形成一个高效的整体。

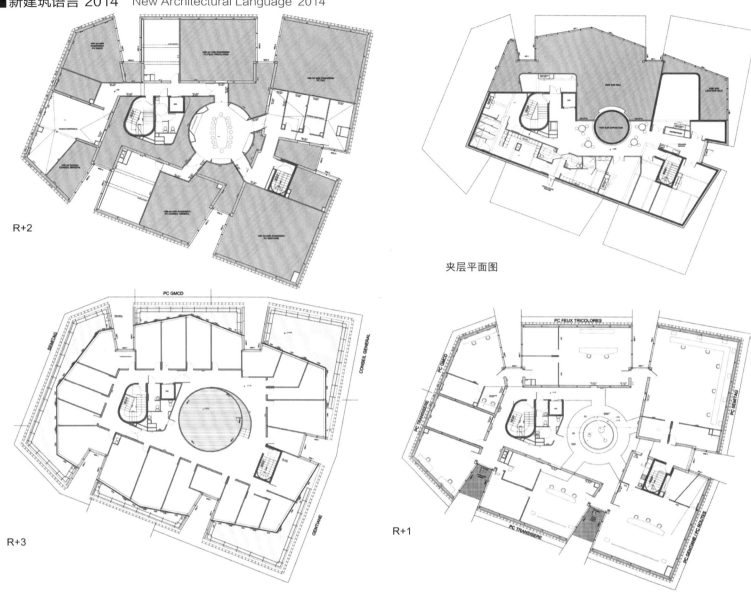

R+2

夹层平面图

R+3

R+1

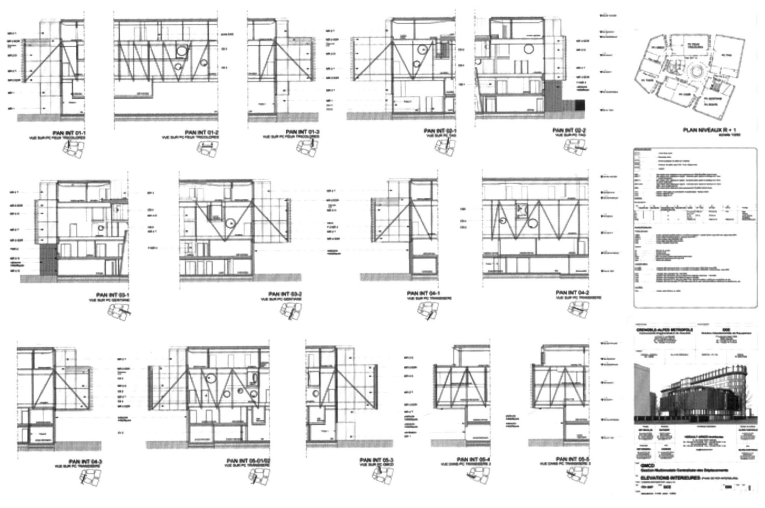

立面内部结构

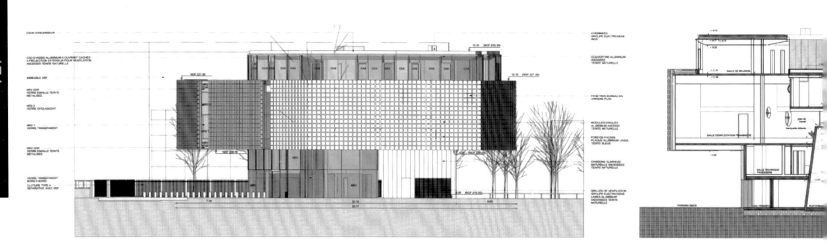

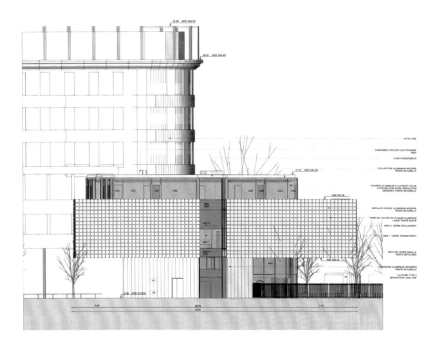

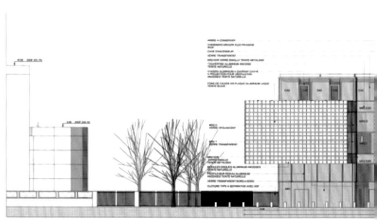

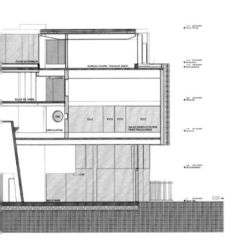
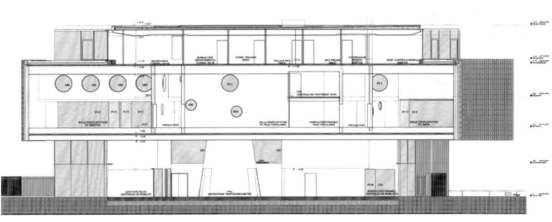

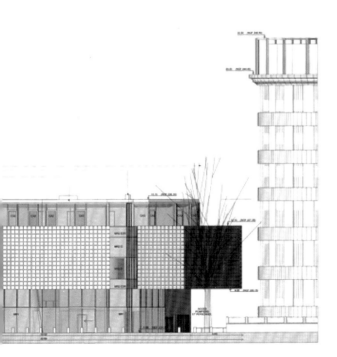
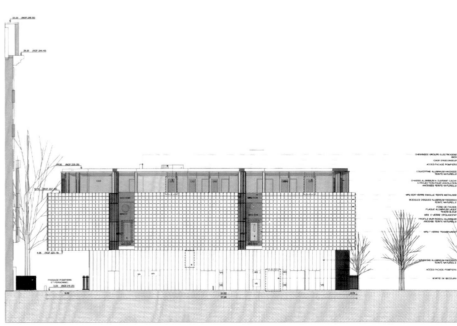

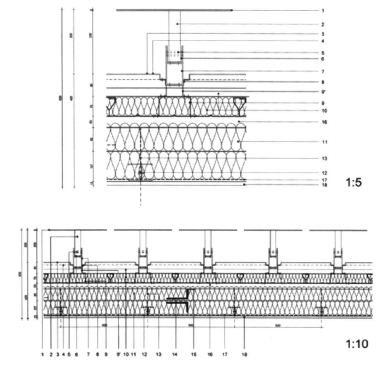

建筑设计

　　建筑的基本形态是一个多边形结构体，建筑外部的凹口结构打破了场地轮廓的限制，赋予建筑鲜明的特征，同时，凹口结构也可为建筑内部的通道带来自然光线，融合室内与室外的景观。

　　项目设计了多个功能层，设计难点和关键在于涵盖了服务中心和危机处理中心的功能层。危机处理中心处于建筑的中心位置，是一个环状的构造，带有多个分支构造，可直接观看各个电脑和显示屏，当地面有情况发生时可第一时间掌控相关信息。

　　建筑拥有一个多样化的外观，其本身也是一个可以传达信息的屏幕。建筑外墙覆盖着镀金的表皮，充当基底的铝板，形成一组组像素点的序列。铝板后面装有二极管照明设施，夜幕降临之时，建筑的形象会随着灯光的变化而改变。

公司简介：

　　法国 Hé rault Arnod Architectes 由 Yves Arnod 和 Isabel Hé rault 于 1991 年建立，自此以后，该事务所设计完成了许多不同类型和规模的项目，并赋予每一个项目不同的风格和特征。

　　事务所秉持可持续发展的设计理念，这一理念贯穿他们的设计过程。事务所也对建筑与自然相互作用的关系、建筑与景观以及建筑与城市环境的关系等问题进行研究和探讨，并将这些理论知识应用到实践中。

　　该事务所在文化建筑领域建树甚多，设计了多项优秀的案例，其中包括 Les 2 Alpes 剧院、Anglet 剧院、格勒诺布尔音乐厅、埃夫勒音乐厅、奥格尼斯的 Mé taphone、Meyzieu 的多媒体图书馆和电影院、Paladru 考古博物馆等。

印度新德里古尔冈办公中心

设计单位： Morphogenesis
开发商： Uppals Housing
项目地址： 印度新德里
项目面积： 4 000 ㎡
摄影： André J Fanthome

办公空间新模式
绿色生态

项目概况

这个办公中心位于新德里市郊的古尔冈，设计跳出典型办公建筑的窠臼，提供了一种公开的社交空间与封闭的办公空间交互出现的新模式。同时，设计融合了商务中心的基本要求与当今普遍关注的环境保护技术，以构建绿色办公空间。

建筑设计

设计旨在构建占地约 4 645 ㎡ 的可出租的精装修办公空间。设计师设想了两种类型的非正式空间：一种在公共楼层，而另一种在独立的办公楼层。一楼被设计成休闲的非正式会议空间，同时也作为大楼的入口。咖啡馆也被设计为休闲区的一部分。每层独立的办公楼层都设有露台花园，这也成为一种非正式的私人领地。

为解决当代办公空间的环境问题，建筑的方位在创造体量时就得到了最佳规划，以美观的方式创造了一个符合环境和设计要求的建筑。设计采用了被动式制冷方式，无需安装空调，就能营造出可灵活变动的环境，这是通过在建筑体量的两侧修建水池而达成的，另外两侧则是敞开的，利于通风。

外观设计采用巨大的石墙和穿孔立面，完全由木材和石块等自然材料建成，令这个建筑结构别具一格。从东西两侧入射的阳光被坚固的石墙遮挡住，石墙在这里作为热能缓冲地带。南北立面为两个较长的侧面，这里采用了玻璃外墙和穿孔墙壁。每层楼的楼板宽度均为 15 m，以便阳光能充分入射。设计采用后张拉梁建造无柱空间，可最大限度为办公空间创造灵活性。

整个场地实现了 100% 的雨水灌溉，所有废水都能得到回收利用。每层都有独立的办公室，而热回收系统可重新利用空调废气，来预先冷却供应到办公室的新鲜空气。

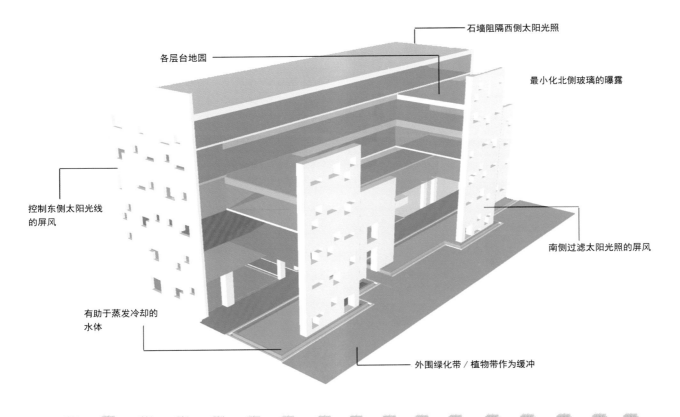

石墙阻隔西侧太阳光照

各层台地园

最小化北侧玻璃的曝露

控制东侧太阳光线
的屏风

南侧过滤太阳光照的屏风

有助于蒸发冷却的
水体

外围绿化带／植物带作为缓冲

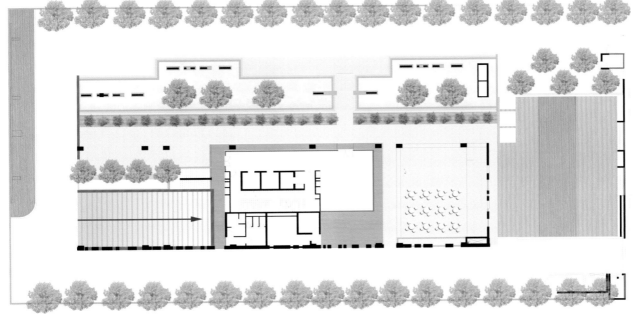

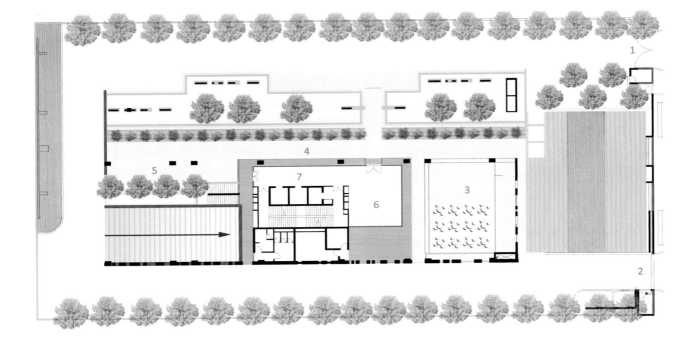

底层平面图

图例：
1. 入口
2. 出口
3. 美食广场
4. 景观花园
5. 山水苑
6. 接待处
7. 电梯大堂

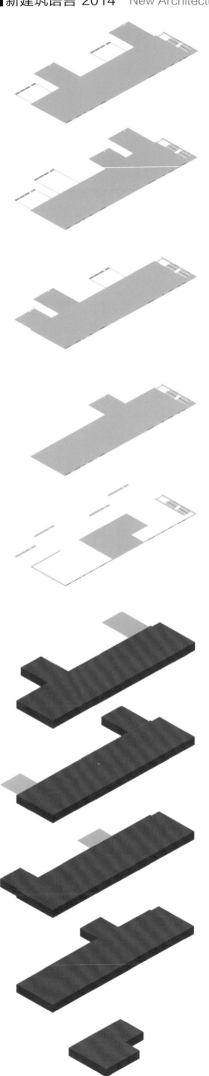

公司简介：

Morphogenesis 位于印度，是全球公认的顶尖建筑事务所之一。公司建立于 1996 年，总部位于新德里，主要提供建筑设计、室内设计、总体规划、城市设计、景观设计和环境设计咨询等服务。

Morphogenesis 认为，资源是有限的，而设计也就是气候、基地条件、历史、经济、市场、技术和当前发展趋势相互作用的结果。这种包罗万象的设计理念以及对被动能源和低能耗建筑的关注，使之成为定义印度新生建筑的重要力量。

其主要作品有：印度西里古里城市中心商场、古尔冈办公中心 koikata 的 taxashila 酒店和文化综合体、喀拉拉邦 Nira、哥印拜陀市 Aurora、新德里住宅 1、新德里艺术之家、Siolim 别墅、古尔冈 114 路大道、诺伊达 Mist 大道、古尔冈阿波罗轮胎公司总部等。

日本东京 OG Giken 分公司

设计单位：Tezuka Architects
开发商：OG Giken 公司
项目地址：日本东京
占地面积：1 378 ㎡
建筑面积：824 ㎡
摄影：Katsuhisa Kida

项目概况

　　OG Giken 公司是日本顶级医疗康复设备生产厂家之一。作为 OG 的东京分支机构，设计通过结构和功能的合理安排，将办公空间设计成一个类似度假胜地的场所，营造了一个开放、舒适、人性化尺度的办公空间。

建筑设计

　　设计将底层的贮藏室设计成廊道空间，而建筑上层设计成类似度假胜地的空间。建筑的整个上层空间覆盖着木地板，木地板与玻璃隔板结合，保证了空间和材料的连续性，构建了温馨通透的空间。

　　钢架结构的选用考虑了两大建筑目标。一方面，

办公空间悬垂在底层配销空间之上，为装卸设备提供一个功能性的顶棚，同时也为建筑提供了一个引人注目的正面。另一方面，建筑内部去除了立柱和走廊，以营造一个开放的楼层平面，实现了储藏空间、办公室和展示厅的有效组合。

188

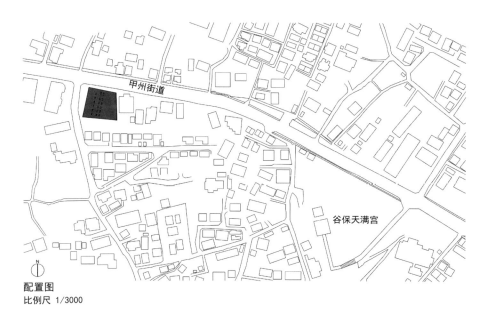

配置图
比例尺 1/3000

二层平面
比例尺 1/400

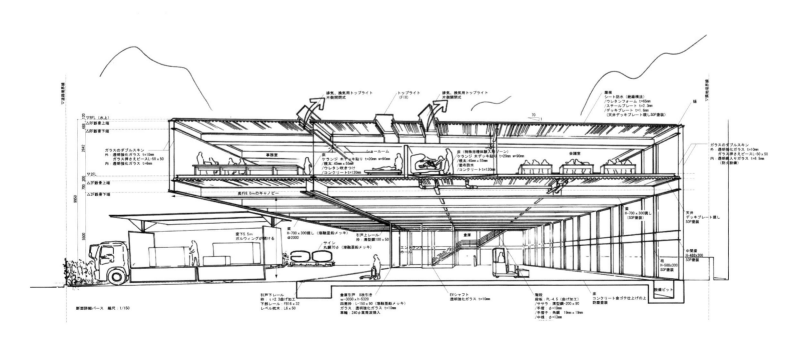

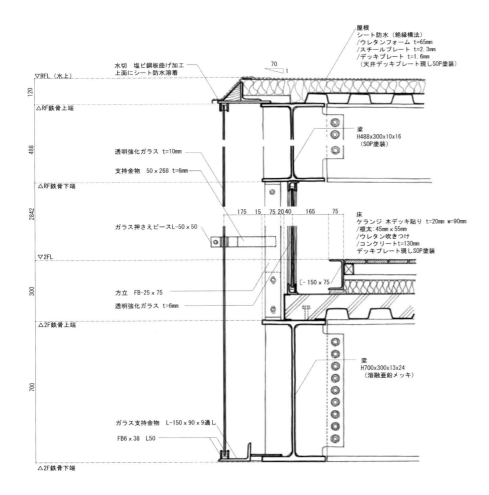

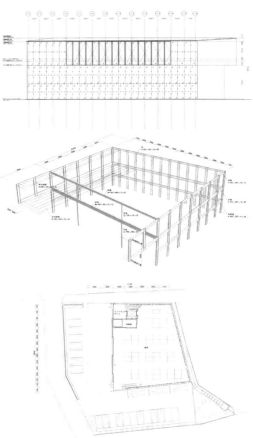

公司简介：

Tezuka Architects 由 *Takaharu* 和 *Yui Tezuka* 负责。*Tezuka* 的设计旨在实现建筑与环境之间的平衡，其设计方案看似非常规，却与人们的日常生活紧密相连。事务所的设计理念融合了传统和当代日本美学，他们参照日本传统建筑，并融入当代的设计元素和工艺，将现代与传统融为一体。其设计的大型公共建筑，如富士幼儿园和松之山自然历史博物馆等，正是对这一理念的阐释。

事务所的主要作品包括：日本立川富士幼儿园的附加建筑树屋幼儿园、东京 *Kodaira-shi* 的 *Deck* 住宅、东京 *Setagaya-ku* 的 "没有墙的房子"、日本波多野市的屋顶住宅、西雅图的花园式私人别墅、*Hakone* 露天博物馆、*OG Giken* 东京分公司、*Soejima* 医院、*Asahi* 幼儿园、久米岛 *Eef* 海滨酒店室内设计等多个项目。

商业建筑
Commercial Building

广东广州太古汇

建筑形态

设计单位：Arquitectonica
合作单位：LWK Architects Ltd
开发商：太古地产
项目地址：中国广东省广州市
占地面积：48 954 ㎡
总建筑面积：457 247 ㎡

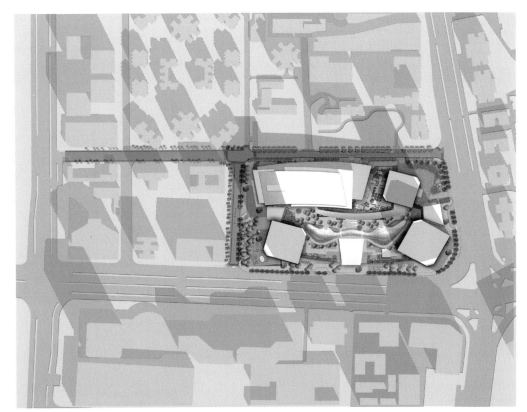

项目概况

太古汇位于中国广州市天河区，是一个标志性的综合使用开发项目。设计依照公园环境的概念，将建筑置于周边环境中，彼此互成角度。这种看似随意的设计却保障了建筑的功能性，既利于自然采光，又让建筑有更加广阔的视野。

建筑设计

设计将大厦设想为有雕刻感的水晶形态，高高耸立于一个天然石灰石的裙楼基座上。大厦两面的边缘进行了弱化处理，使其形态更加柔美。大厦顶部进行些微弧度的切削，凸显了建筑的高度。

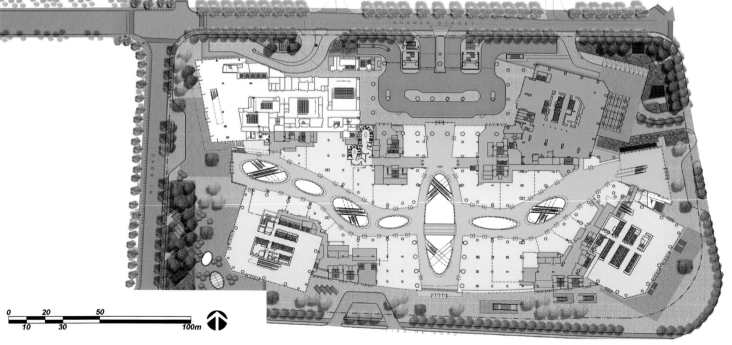

0　　20　　50
10　　30　　　100m

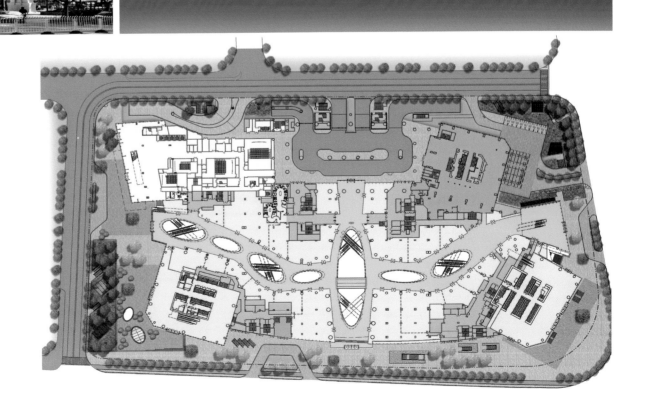

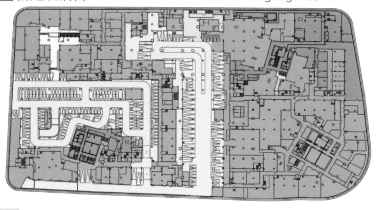

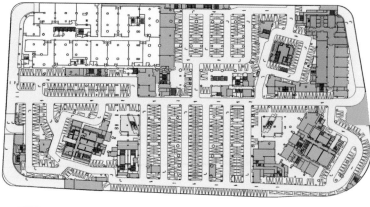

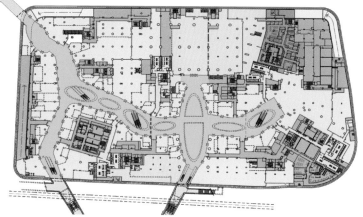

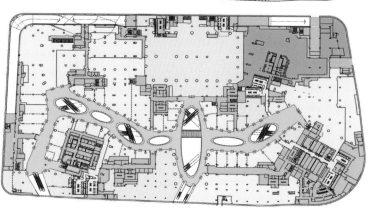

大厦互成角度地立于场地的角落，减轻了视觉上的冲击力。这三栋大楼高度不同，但是相似的形态和材质使之整体风格保持一致。大厦外观由高性能的玻璃幕墙组成，通过一系列错开的或宽或窄的垂直鳍状物铰接在一起，突出了大厦的垂直性。

裙楼有着弯曲的平面形态，其表面覆盖有米黄色的天然石灰石，以柔化视觉冲击力。位于其中的文化中心由一系列弯曲的石灰石叠石和铝覆盖层构成，两者互为补充，将视觉体量降至最小限度。自然光线和自然风可通过一系列的水平狭缝渗入建筑内部，同时也加强了建筑在水平方向上的图像感，减轻了外立面的冲击。

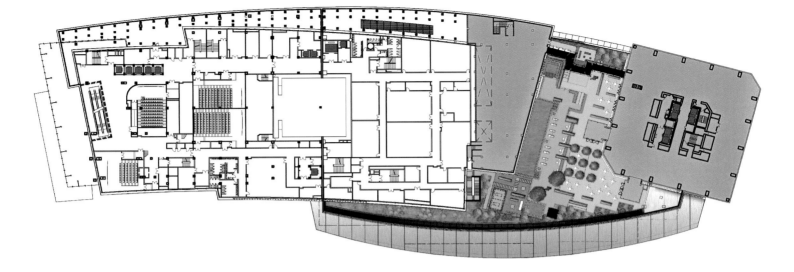

公司简介：

Arquitectonica（ARQ）建筑设计事务所由本纳道·霍先生和劳琳达·斯碧尔女士成立于1977年，总部设在美国的迈阿密，拥有超过300名专业设计人员，在美国纽约和洛杉矶、法国巴黎、中国上海、中国香港、菲律宾马尼拉、秘鲁利马、阿根廷布宜诺斯艾利斯和巴西圣堡罗都设有办事处。当前，该公司已发展成为一个国际公认的富有创造性的优秀跨国公司，以进行标志性建筑的设计和提供具有地域特点的创造性设计而著称。

除在哈佛大学任教外，本纳道和劳琳达都曾在世界各地做过演讲，他们的作品也曾被美国和欧洲许多著名的博物馆展出。近来，史密森学会博物馆对ARQ在世界各地的设计作品作了为期4个月的回顾展。ARQ公司的设计赢得了美国建筑师协会颁发的许多奖项和前卫建筑设计奖。

韩国首尔国际金融中心

天窗结构
可持续性设计
智能设计

设计单位：Arquitectonica
开发商：AIG Global Real Estate Development
　　　　首尔市政府
项目地址：韩国首尔
占地面积：33 361 ㎡
总建筑面积：507 075 ㎡

项目概况

首尔国际金融中心是位于首尔市中心的重大商业开发项目，它包含三个国际 A 级商业办公大楼、一个五星级酒店、大型地下零售商场和与之相连的公共交通系统。大楼的底板为矩形，在拐角处形成较浅的斜面，从而构成了一个个拔地而起的动态晶体，形成与天际线互相映衬的独特形象。

设计理念

设计的灵感来源于亚洲山水画，亚洲山水画中通常描绘的都是陡峭、错落的山峰，四栋垂直的大楼看起来像是水晶露头，在经过自然的雕琢后，有了各自的形态。项目面临的一个挑战就是在保持建筑表现力的同时解决有关效率和适应性的问题，在构筑一个现代的工作场所的同时营造良好的人际互动氛围。

建筑设计

办公大楼位于一条中心林阴大道的两侧，建筑高度在 176 m 至 284 m 之间，最高的大厦位于场地的中心。每栋大楼都与金融中心宏伟的玻璃天蓬入口相接，有着特色水景的公共交通下客区展示了通往酒店的入口。

玻璃大楼经雕琢后呈棱柱形态，突出了玻璃表面上光与影的相互作用。在公共场地的两端，两个玻璃馆是通往三层的地下零售商场的入口，并可由此直接通往汝矢岛地铁车站。

围合玻璃馆的大型天窗结构在白天时可照亮商场的中心，天窗形成一个有角的、龙的形态，蔔匐在东南角，标示着地铁的入口。这一结构下沉至地下广场，沿着地下零售区循环线路的蛇形路径延伸，在中庭上方的人流汇集处再次出现。

办公大楼设置了高效、灵活的空间，提供了舒适的工作环境。从地板到天花板的大型玻璃窗为办公空间提供了充足的自然光照，从这里也能欣赏汝矢岛公园、汉水和远山的风景。

可持续性是设计的一个重要的考量因素，确保了高水平的能源效率。建筑运用了先进的智能设计，包括先进的通道和服务电梯系统、灵活的空调系统、双电源供应以及综合通讯信息技术的运用。

IFC MALL

international style shopping mall

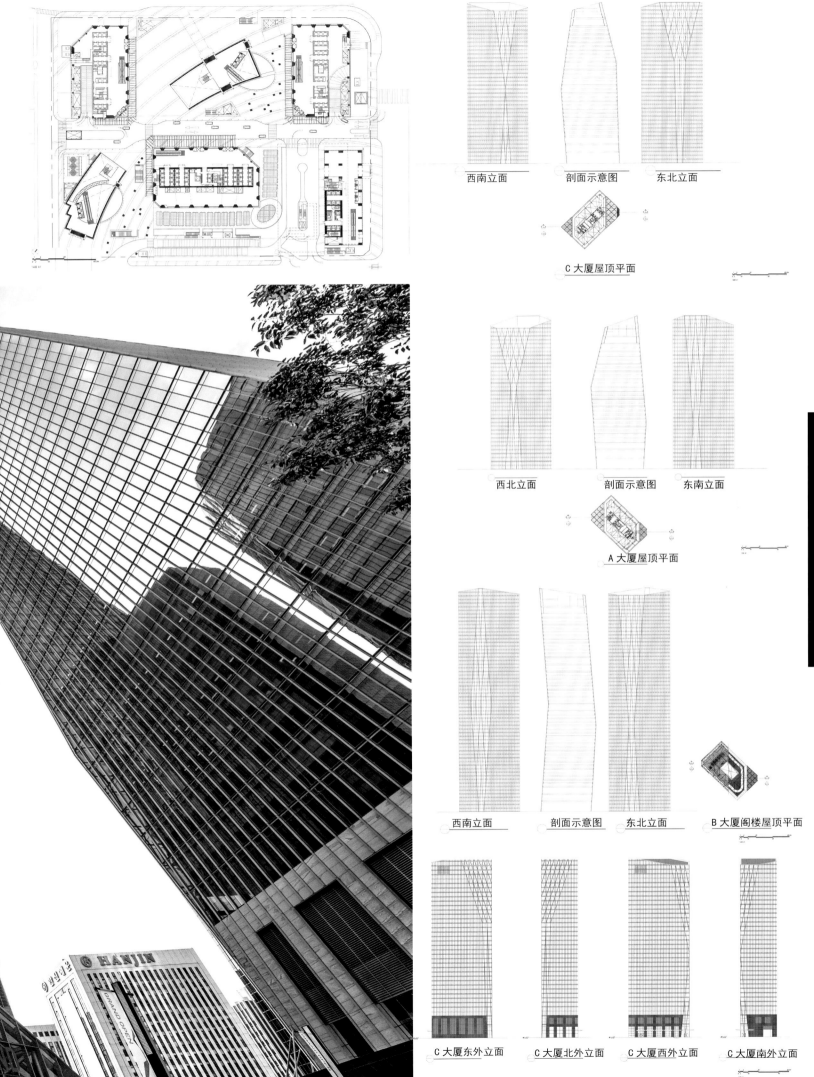

西南立面　　　剖面示意图　　　东北立面

C 大厦屋顶平面

西北立面　　　剖面示意图　　　东南立面

A 大厦屋顶平面

西南立面　　　剖面示意图　　　东北立面　　　B 大厦阁楼屋顶平面

C 大厦东外立面　　　C 大厦北外立面　　　C 大厦西外立面　　　C 大厦南外立面

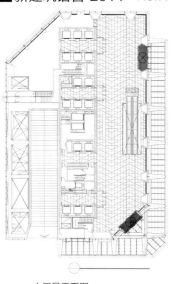

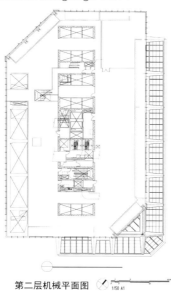

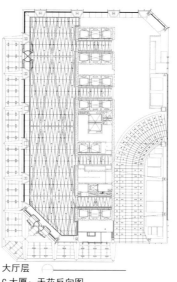

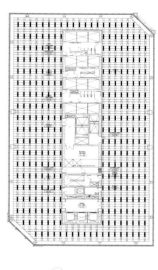

大厅层平面图

第二层机械平面图

大厅层
C 大厦：天花反向图

C 大厦：天花反向图
三楼

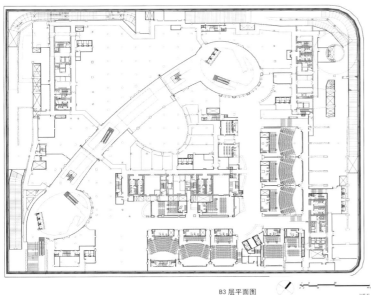

B3 层平面图

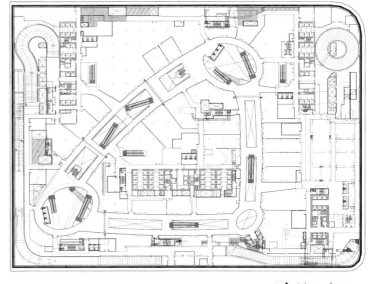

B1 层平面图

公司简介：

Arquitectonica（ARQ）建筑设计事务所由本纳道·霍先生和劳琳达·斯碧尔女士成立于1977年，总部设在美国的迈阿密，拥有超过300名专业设计人员，在美国纽约和洛杉矶、法国巴黎、中国上海、中国香港、菲律宾马尼拉、秘鲁利马、阿根廷布宜诺斯艾利斯和巴西圣堡罗都设有办事处。当前，该公司已发展成为一个国际公认的富有创造性的优秀跨国公司，以进行标志性建筑的设计和提供具有地域特点的创造性设计而著称。

除在哈佛大学任教外，本纳道和劳琳达都曾在世界各地做过演讲，他们的作品也曾被美国和欧洲许多著名的博物馆展出。近来，史密森学会博物馆对ARQ在世界各地的设计作品作了为期4个月的回顾展。ARQ公司的设计赢得了美国建筑师协会颁发的许多奖项和前卫建筑设计奖。

浙江宁波联盛国际商业广场

现代主义美学设计
"门"
有机堆积
绳索原理

设计单位：马达思班建筑设计事务所
开发商：宁波联盛置业开发有限公司
项目地址：中国浙江省宁波市
占地面积：10 434 ㎡
建筑面积：58 934 ㎡
容积率：2.2

体量   功能   垂直交通   水平交通

电影院   迪卡侬   商业   真冰溜冰场

产权式酒店   门厅   地下车库   卫生间及辅助房间

项目概况

　　宁波联盛国际商业广场位于宁波市鄞州中心区，为宁波市鄞州新城区钟公庙街道旧城改造项目，分为 A、B 地块。建筑风格极具现代主义美学设计理念，一个"门"的建筑造型，充分展示了建筑立体效果与视觉效果的完美融合，成为宁波划时代的标志性建筑。

建筑设计

A 地块

　　按照目的性、多样性、参与性三个基本思路，项目特别重视公共空间的设计，通过公共空间将人流最大限度地引导入商业空间，实现商业增值的目的。

　　建筑的平面布局采用建筑形体有机堆积的手法。设计在沿宁姜公路和贸城西路两侧形成较长的商业沿街面，在东北角区域形成了一个大型的商业入口广场，西南临河面则设置了景观餐厅等休闲空间。

　　在城市空间上，体块堆积的地标特性体现在水平几何形态和垂直几何形态上。各种功能体块的交叠为品牌商业提供了丰富的室内室外空间，对街道人流具有强大的吸引力和引导性。

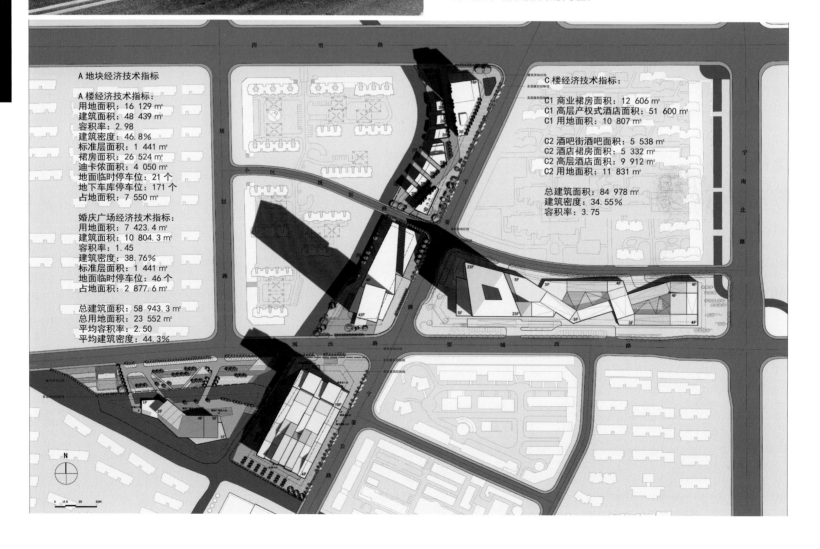

A 地块经济技术指标

A 楼经济技术指标：
用地面积：16 129 m²
建筑面积：48 439 m²
容积率：2.98
建筑密度：46.8%
标准层面积：1 441 m²
裙房面积：26 524 m²
迪卡侬面积：4 050 m²
地面临时停车位：21 个
地下车库停车位：171 个
占地面积：7 550 m²

婚庆广场经济技术指标：
用地面积：7 423.4 m²
建筑面积：10 804.3 m²
容积率：1.45
建筑密度：38.76%
标准层面积：1 441 m²
地面临时停车位：46 个
占地面积：2 877.6 m²

总建筑面积：58 943.3 m²
总用地面积：23 552 m²
平均容积率：2.50
平均建筑密度：44.3%

C 楼经济技术指标：

C1 商业裙房面积：12 606 m²
C1 高层产权式酒店面积：51 600 m²
C1 用地面积：10 807 m²

C2 酒吧街酒吧面积：5 538 m²
C2 酒店裙房面积：5 332 m²
C2 高层酒店面积：9 912 m²
C2 用地面积：11 831 m²

总建筑面积：84 978 m²
建筑密度：34.55%
容积率：3.75

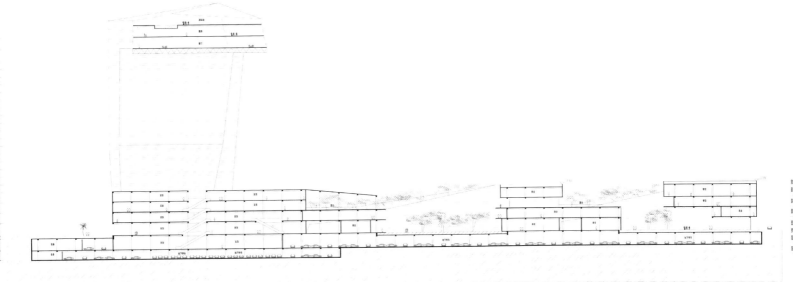

剖面图

建筑立面上，裙房立面采用竖向石材幕墙系统，电影院以金属板和穿孔铝板作为主要材质，塔楼则用了两种不同深度的灰色石材。

B 地块

建筑形体的平面布局采用了绳索原理。建筑体量流动地穿越基地，缠绕交叉形成内广场，构成富有节奏感的内街购物空间，既加强了购物的空间体验性，又扩大了商业界面，提高了商业价值。

在城市空间上，"门"这一卓越的地标特性也同样体现在了水平和垂直几何形态上，双塔的建筑元素创造了城市尺度的标志性，辐射了本身的建筑体量。

建筑立面上，外立面采用统一的大面积玻璃幕墙，横向的装饰条可以在各个折面和维度上交合，是对塔楼标志性体量最直接的反映；内立面则采用全玻璃幕墙，体现了建筑内部商业活跃的特征。

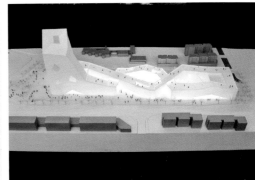

公司简介：

    马达思班（MADA s.p.a.m.）建筑设计事务所是中国建筑界在典型社会转型期产生的一个非典型性实践团体。从1995年起，事务所先后在深圳、上海、宁波、西安、成都、杭州、天津、北京等城市以各种形式参与设计业务。2000年后马达思班建筑师事务所正式在北京、上海成立中国设计

事务所，旨在以精湛的专业技术综合工作的平台，为业主提供高标准的服务，与此同时以优秀的作品强化我们的建筑环境。

    马达思班从多领域、多角度、多层次对建筑以及建筑所处的社会人文处境进行介入，使之在发展过程中形成了多样的设计风格和设计视角，

在不断走向成熟的过程中保持了对设计的敏锐度。其主要作品有：玉山石柴、青浦浦阳阁图书馆、西安广电世纪园、朱家角行政中心、雷诺卡车总部、北京光华路SOHO、上海自然博物馆、新余自然博物馆、深圳特区纪念公园。

广东东莞第一国际商业中心三期

设计单位：上海天华建筑设计有限公司
开发商：东莞市商业中心发展有限公司
项目地址：中国广东省东莞市
建筑面积：322 264 ㎡

现代国际主义风格
简约

项目概况

　　项目位于东莞中心区核心地段，地块的开发价值高，有良好的升值空间。设计融入生态 MALL 概念和全新的购物理念——PARKMALL，使之成为东莞新城区夺人眼目的独特建筑。

设计理念

　　项目在立足规划新城配套商业的基础上有所突破，设计关注项目的公共性、舒适性和文化品位，树立鲜明的建筑形象，营造良好的人文环境和景观环境，形成了一个与客流量相适应、规模合适的商业空间。

建筑设计

　　整个建筑的立面设计采用现代国际主义风格，建筑体块穿插明显，立面简洁，色彩明快。建筑立面主要以白色石材和玻璃为主，虚实结合，通过仔细推敲而确定的商业广告展示墙，成为商业建筑特有的外观构成元素。

　　方正体块的外墙是整个建筑最重要的立面，其局部通过 LED 技术映射出夺目的色彩变换效果。办公楼的立面设计同样以简洁为主，其主要材质为浅灰色

铝板和玻璃，体型简单。建筑强调竖向线条，以显示
这个区域的标志形象。

　　沿东莞大道的立面采取退台的设计形式，将逐层
退台形成的立体室外露台设计成景观花园，一直延伸
到建筑的屋顶，这样既丰富了建筑立面和城市空间，
也让顾客在购物的同时享受到逛公园的乐趣，感受全
新的购物理念——PARKMALL。

公司简介：

ARCHITECTURE TianHua｜天华建筑
让｜设｜计｜创｜造｜价｜值

　　上海天华建筑设计有限公司创立于1997年，
是中国第一批民营建筑设计公司之一，自2003年
起跻身全国十大民营建筑设计公司排行榜前列并
保持至今。该公司具备建筑工程甲级、城市规划
甲级和风景园林工程设计乙级专项资质，可为客
户提供涵盖规划、建筑、室内、景观、工程和设
计咨询、设计总包等在内的全方位服务，既可提

供从方案、扩初到施工图及施工配合等的全过程
一站式设计服务，亦可根据客户需求，提供规划、
建筑设计方案和施工图等阶段性服务。

　　2010年始，天华全力进军商业地产领域。在
保持住宅优势的前提下，天华建筑将战略眼光投
向了城市综合体等新的设计细分市场，致力于在
城市综合体、办公楼、酒店等综合开发领域再创

辉煌。其主要作品有：上海瑞安创智天地、天津
金融街世纪中心、沈阳华润置地广场、温州华润
万象城、海盐颐高数码中心、上海万科松江乐都
商业总体、陆家嘴世纪大道办公楼、万科唐山宾馆、
上海外高桥文化艺术中心等。

澳大利亚悉尼 Danks & Bourke

设计单位：Tony Owen Partners Pty Ltd
项目地址：澳大利亚悉尼
建筑面积：4 000 ㎡
设计团队：Tony Owen　　Andres Caceras　　Kathryn Hynard
　　　　　Esan Rahmani　Wendy Tong

空间布局
立面
多彩金属板

项目概况

    这栋新建的 Danks & Bourke 商业楼位于往昔的工业地带——Danks 街，由一个 1960 年代的混凝土家具仓库改造而来，现已成为一个时尚的设计师之所。建筑底层是一家超市和商业区，其他空间则是近 4 000 m² 的办公区。

建筑设计

    整个建筑分为三层，上面两层为办公空间。办公空间的格局十分灵活，员工可自由地行走和交流，营造了一种轻松、随意的氛围。休息室、会议室和其他设施可以共享，这使得各个分区更像是模块化的套间而不是办公室。这些套间的前后都采用了玻璃墙、

抛光混凝土底板和私人装饰阳台。底层为超市和商店等空间，这些空间成为工作环境的一种延伸，展示了Danks 街由工业地带转变为时尚场所的变化。

建筑原有的不透明立面被改造成玻璃立面和阳台，并采用与建筑内部相似的流线型图案来装饰立面。弯曲的金属板作为遮阳的百叶窗，这些金属板因观看角度的不同而呈现出不同的色彩，强化了建筑的形象，

彰显了建筑的特色。

这个采用数字化设计手法改建而成的建筑，有着大胆的线条和对比强烈的色彩，不断变化的百叶窗也加强了建筑的视觉冲击力，这些元素综合在一起，不仅树立了建筑鲜明的形象，彰显了当地作为艺术创新区和设计中心的身份和地位。

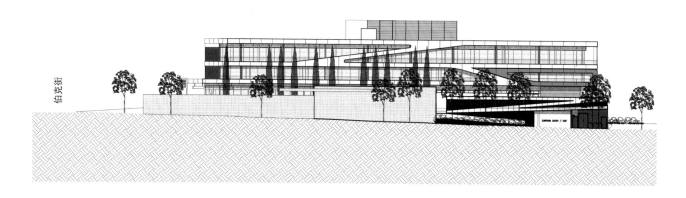

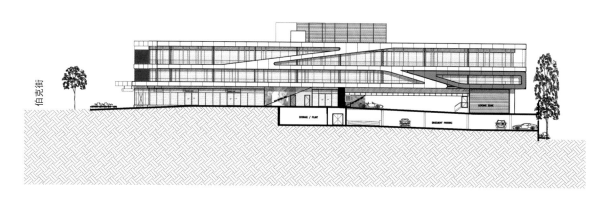

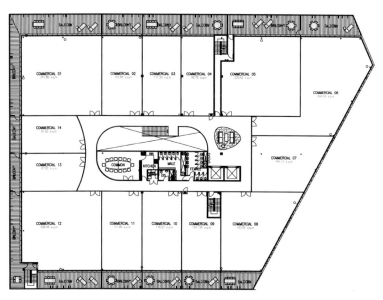

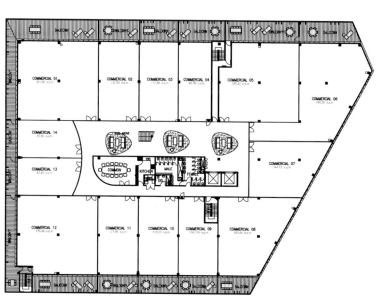

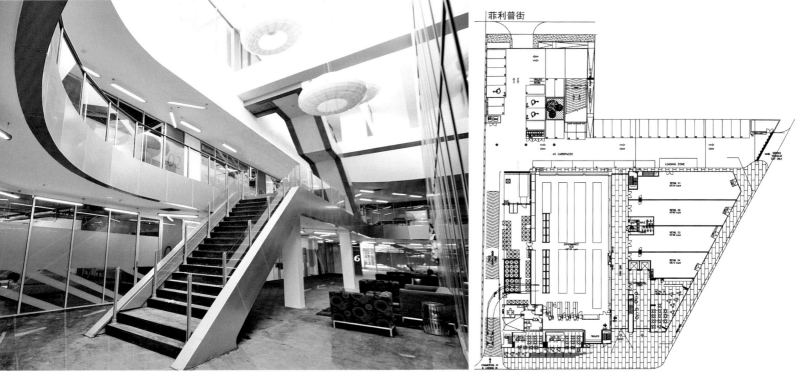

菲利普街

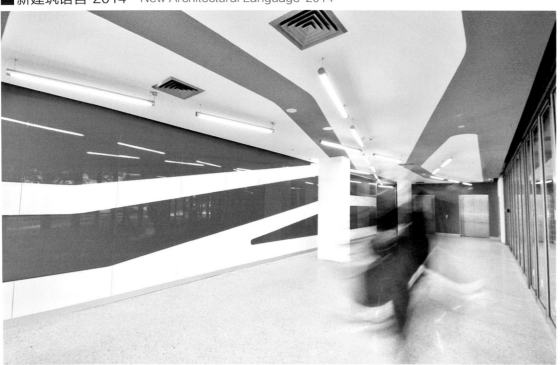

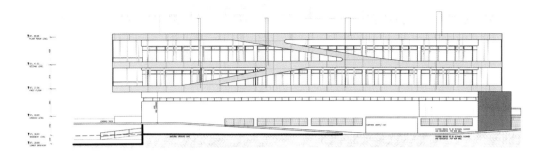

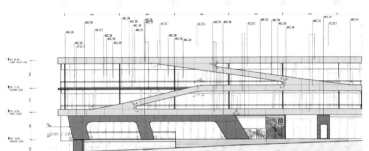

公司简介：

2004 年，在商业建筑和住宅项目方面有着丰富经验的 NDM 与有设计天赋的 Tony Owen 合作，建立了 Tony Owen Partners。这是一家新兴的建筑事务所，其设计师将先进的设计与可持续性原则和商业价值结合起来，以构建挑战常规的、可实践的建筑。事务所采用最新的 2D CAD 技术，并致力于推进 3D 建模和可视化软件的发展，在建筑设计、城市规划和室内设计等领域获得发展。

其主要作品有：悉尼多佛海茨区的莫比斯住宅、Eliza 豪华公寓、比尔私人住宅、波士顿大学学生宿舍、哈雷戴维森总部、Paramount 酒店、Fractal 咖啡厅、奥斯陆歌剧院、阿布扎比女士俱乐部、NSW 教师联盟、波浪住宅、坎特伯雷城市中心等。

美国华盛顿特区第 17 街 Lafayette 塔楼

高雅简单
机械系统
高性能外墙覆盖层
生态节能

设计单位：KEVIN ROCHE JOHN DINKELOO AND ASSOCIATES
开发商：路易·达孚集团
项目地址：美国华盛顿特区
建筑面积：30 443 ㎡
奖项：LEED CS 白金 / 美国绿色建筑委员会 (USGBC)
　　　优秀奖 – 绿色工程 / 中大西洋建设
　　　2010 年最"绿色"建筑卓越奖 / 全美工业及办公房产协会
摄影：Kevin Roche John Dinkeloo and Associates

项目概况

　　Lafayette 塔楼是华盛顿特区首个达到 LEED CS 白金认证的标准的商业办公大楼。项目位于华盛顿特区第 17 街和 H 街的交叉路口——一个从 Lafayette 广场公园到白宫的街区。建筑高雅简单，精致的建筑形态与周围建筑的体块和形态相匹配，其先进的机械系统以及现代的高性能外墙覆盖层使之脱颖而出。

建筑设计

　　建筑位于华盛顿特区商业、政治中心地带，可以步行、驾车、乘车前往。建筑奇特的双层高度休息室内砌有白色抛光大理石，为访客以及居住者创造了一个明亮、热情的空间。反射屋顶加强了白色大理石墙壁和地板的视觉效果。

　　高速电梯可以通往各个层面，包括为特定楼层提供快递服务的"行政功能"专区。一进入典型的办公楼层，悬臂支撑的楼板以及 4.57 m 长的幕墙就给人带来强烈的视觉感触，这一结构具有极强的灵活性，适用于私人办公室和开放的工作站等各类型的办公空间。

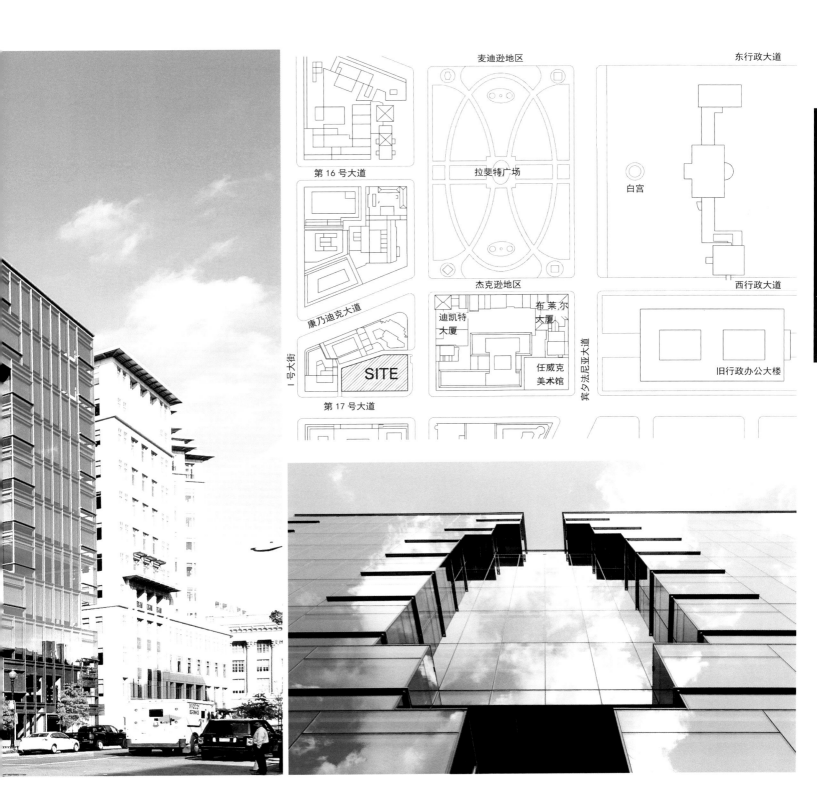

设计采用了机械系统，包括先进的能量回收设备和室内质量控制系统，以最大限度地回收被拆除的原有建筑材料，回收率达 92%。设计依靠最先进的厕浴设备实现节约用水，没有补充的灌溉系统。承租人使用的 140 m² 的屋顶露台受到架空框架的遮蔽，周围被低维护的"绿色屋顶"植被包围。这个屋顶植被区同时也充当雨水收集、暴雨雨水管理的媒介。

建筑有着充足的日照和良好的视野，这一特点通过建筑从地板到天花板的超清晰玻璃和铝板幕墙设计方案而实现。建筑还采用了高性能低辐射涂层，极大地提高了整体建筑的节能性能以及居住者的舒适度。

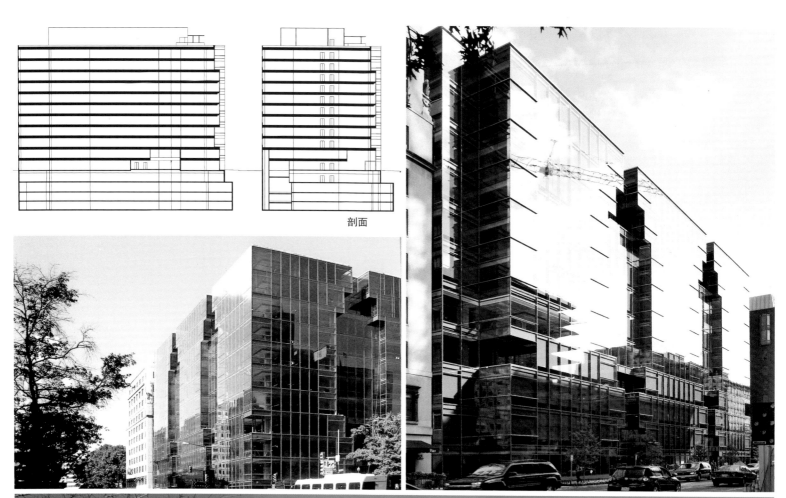

剖面

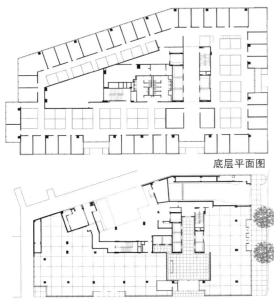

底层平面图

公司简介：

KEVIN ROCHE JOHN DINKELOO AND ASSOCIATES 曾是 1950 年建立的 *Eero Saarinen and Associates* 的分支机构，1961 年后，该公司由 *Kevin Roche* 和 *John Dinkeloo* 领导，并于 1966 年改名为 *Kevin Roche John Dinkeloo and Associates*。

Kevin Roche John Dinkeloo and Associates 负责整个美国、欧洲、亚洲的重大项目设计，可提供完整的总体规划、建筑设计、室内设计以及建筑管理服务等多方面的服务。

该公司获得众多荣誉和奖项，包括：

1974 年美国建筑师协会建筑公司奖；*Kevin Roche* 获得 1982 年普利兹克建筑奖和 1993 年的美国建筑师协会金奖；1995 年该公司凭借在纽约设计的福特基金会总部获得美国建筑师协会 25 年成就奖。

购物中心

*hopping
Center*

印度西里古里城市中心商场

设计单位：Morphogenesis
开发商：Ambuja 房地产开发有限公司
项目地址：印度西孟加拉省西里古里
项目面积：40 468 ㎡

项目概况

西里古里城市中心商场位于占地约 1 618 740 m² 的 Uttorayon 镇入口处，项目旨在为西里古里市营造一个能够满足人们需要、井然有序的商业区。项目是西里古里地区第一个没有在公共区域安装空调，却仍能保有宜人小气候的商场。

建筑设计

商场的基座有多个入口，方便人们从各个方向进入。升降梯将人们带入到建筑的各个楼层，每一个楼层都有突出的景观露台。

这座家庭娱乐中心汇集了零售店、食品摊、娱乐区、儿童游戏场以及一座大型的 4 屏多维影院。各种大小的零售店鳞次栉比，既有小摊位也有大型超市，夹杂着餐馆和咖啡馆。除此之外，开放式的娱乐空间设置了游戏机、保龄球场和其他室内娱乐设施。

大型的中庭空间既是项目的中心，也是一个多功能区，可进行多种活动。为了与传统的印度街道和可灵活穿越的空间相对应，中庭被分割成精心布局的一个个小单元，以满足顾客的需求。

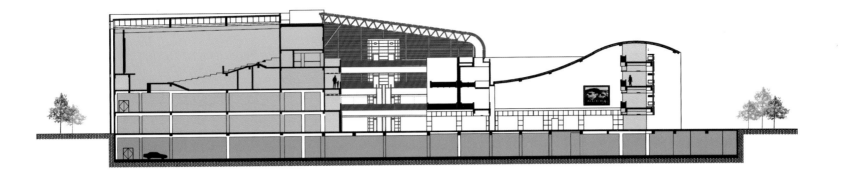

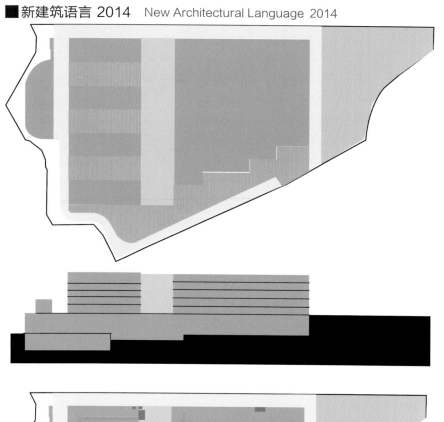

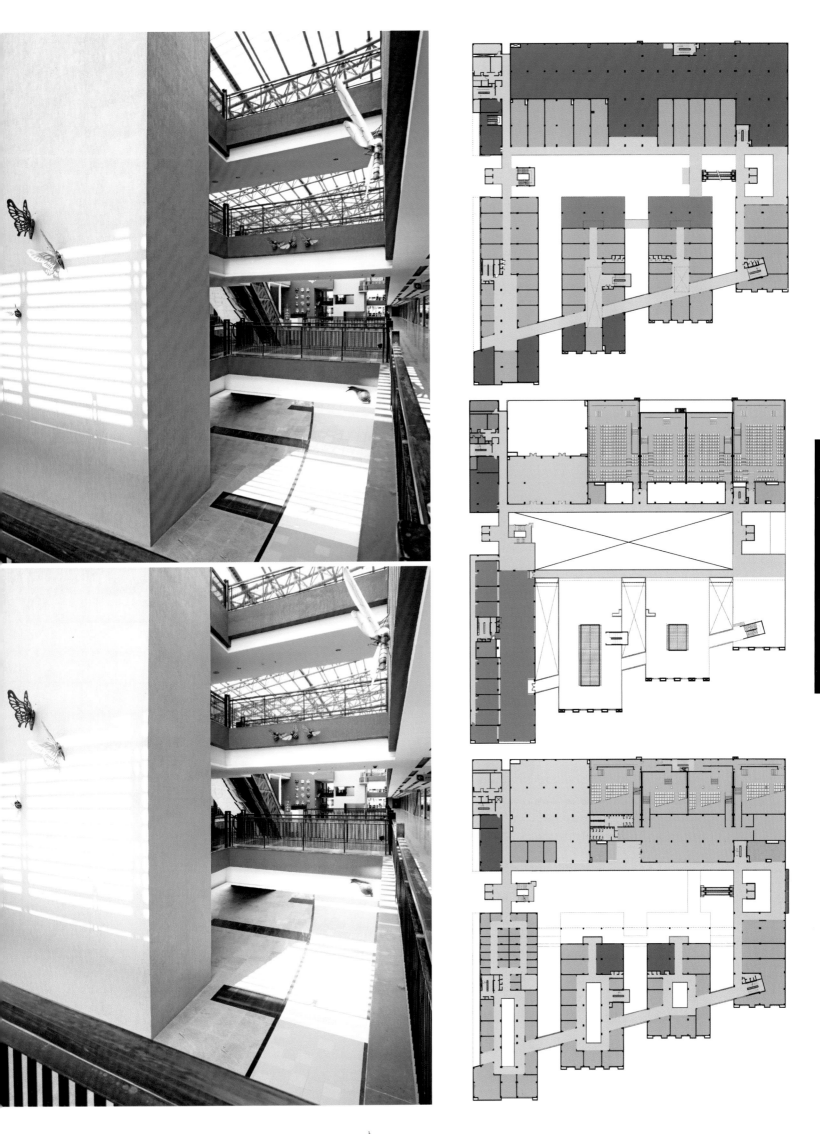

可持续性设计

　　设计利用文丘里效应实现商场内部自然通风，这在西里古里这样一个湿润气候的城市里是首创。中庭与狭长的走廊通道相连，调节了商场内部的气流运动，使商场在没有空调的情况下实现了自然通风。

　　建筑外立面采用了穿孔的防雨屏，在起到防雨作用的同时也保证了自然通风，维持了商场宜人的小气候。雨水既可以补充自然的地下水位，也可将过剩的部分引入季节性河流。经污水处理厂处理的水都重新加以利用，用于灌溉和冲洗。

　　所有建筑采用南北朝向，以期尽可能地减少热量的吸收和日晒，建筑东西端保持开敞状态，与西里古里地区的主导风向保持一致，便于通风。

公司简介：

Morphogenesis 位于印度，是全球公认的顶尖建筑事务所之一。公司建立于1996年，总部位于新德里，主要提供建筑设计、室内设计、总体规划、城市设计、景观设计和环境设计咨询等服务。

Morphogenesis 认为，资源是有限的，而设计也就是气候、基地条件、历史、经济、市场、技术和当前发展趋势相互作用的结果。这种包罗万象的设计理念以及对被动能源和低能耗建筑的关注，使之成为定义印度新生建筑的重要力量。

其主要作品有：印度西里古里城市中心商场、古尔冈办公中心 koikata 的 taxashila 酒店和文化综合体、喀拉拉邦 Nira、哥印拜陀市 Aurora、新德里住宅1、新德里艺术之家、Siolim 别墅、古尔冈114路大道、诺伊达 Mist 大道、古尔冈阿波罗轮胎公司总部等。

德国杜伊斯堡购物中心

设计单位：Ortner & Ortner
开发商：德国 Multi 发展公司
项目地址：德国杜伊斯堡
项目面积：106 000 ㎡

节能环保
金云梯

项目概况

杜伊斯堡购物中心位于德国杜伊斯堡的市中心，设计完美地融合了城市结构、可持续性系统功能和材料。项目 10 000 m² 的草坪屋顶使之比其他购物中心的能源消耗量低了 25%，并为此荣获 BREEAM "环保奖"。

建筑设计

在杜伊斯堡市中心，多条步行街将杜伊斯堡购物中心和周围的街道连接起来，将购物中心和现有的城市脉络连为一体。购物中心是几栋单体建筑，与 Koigstrasse 步行街相连，延续了城市肌理。

杜伊斯堡购物中心的主体建筑是五层的 Karstadt 百货商店。商店顶部有一个引人注目的景观花园，包括广场、拱廊和平台等宽阔的空间，给在四层零售空间的人们一个上下呼应的视野，创造了一个宽阔的环境。

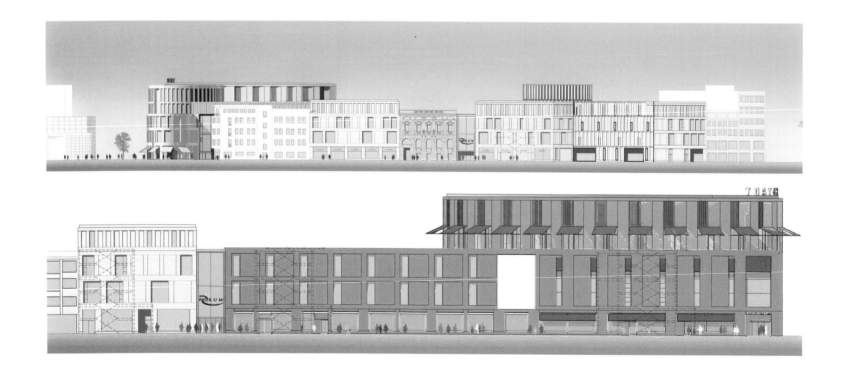

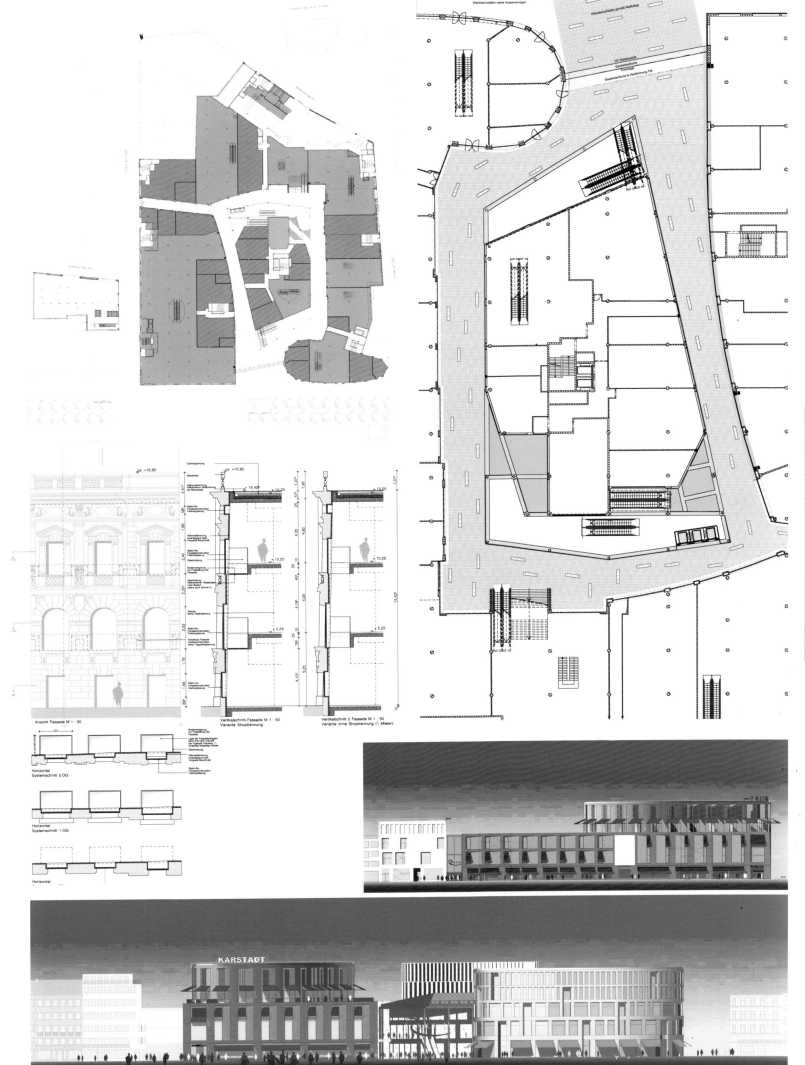

项目设计了一个 65 m 高的雕塑——金云梯，云梯用了 32 吨的钢材，其表面为 24K 的金箔。它穿过了商场的所有楼层，高于街面上高 54 m 的其他建筑，并超出购物中心的玻璃屋顶 35 m，是城市天际线上一个新的引人注目的标志。

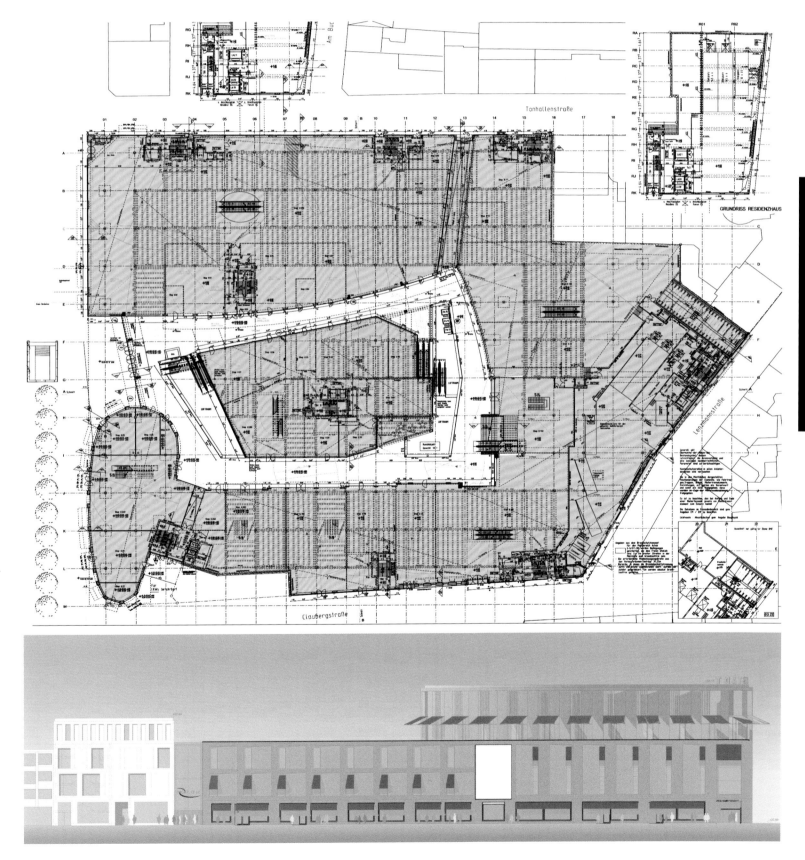

公司简介：

　　Ortner & Ortner 的历史可追溯到1970年由 Laurids Ortner、Manfred Ortner 和 Günther Zamp Kelp 在杜塞尔多夫共同组建的 Haus-Rucker-Co。在其后的发展历程中，他们提出了"第二自然"——自然生长与人工创造的融合，以及"解构主义"——建筑的拆分和建筑的重新组合等对未来的发展趋势和方向有着持续影响力的见解。20世纪80年代中期，Ortner & Ortner 从 Haus-Rucker-Co 中分离出来，开始作为建筑事务所而存在，1990年，Ortner & Ortner 受邀设计了它所承接的项目中最大的文化中心——维也纳博物馆。

　　Ortner & Ortne 的主要作品有：慕尼黑奥林匹亚公园酒店、柏林 ARD Hauptstadtstudios、克拉根福欧洲设计中心、斯特罗姆画廊、杜伊斯堡大商场、维也纳 Wien Mitte、威斯巴登 Liliencarre`、德国科隆 Beeline 服务中心、维也纳城市大厦、德霍芬 Bene 总部、威斯巴登 Liliencarré 酒店、柏林史蒂根伯格酒店、慕尼黑滨海公寓楼、柏林巴黎广场等。

德国科布伦茨 Forum Mittelrhein 购物中心

水平分层结构
3D 立面

设计单位：Benthem Crouwel Architekten BV bna
开发商：ECE Projektmanagement GmbH & Co. KG
项目地址：德国科布伦茨
总建筑面积：42 500 ㎡
设计团队：Markus Sporer　　Marcel Blom
　　　　　Anna Gerlach　　Noortje ter Heege
　　　　　Tina Kortmann　　Sascha Rullkötter
　　　　　Cornelius Wens　　Sander Vijgen
　　　　　Benedikt Krienen　Anna Boll
　　　　　Frank Deltrap
摄影：Jens Kirchner

项目概况

Forum Mittelrhein 购物中心位于科布伦茨 Zentralplatz 地区，是该区域人流汇聚之地。设计通过独特的立面设计，使其成为该地区的一个标志性建筑。

建筑设计

Forum Mittelrhein 购物中心呈现在众人眼前的是一个水平的分层结构。因为这样强有力的形式，建筑体量获得了有效的缩减。购物中心有着梯形的布局模式和流畅的建筑线条。扶梯交织的区域既有指示方向的引导作用，同时也是一个天井，为建筑室内提供了自然光照。扶梯边缘的色彩进一步突出了建筑，树立了生动的建筑形象。

建筑外立面的设计以使用者为中心。较低的两层为商店，其立面采用的是玻璃结构，像一条带子围绕着整个建筑。直立的玻璃结构和建筑富有表现力的外观，在垂直方向上产生了强有力的视觉效果。

较高层次的建筑外观采用的是人造"酒叶外观"。设计最初将之设想为一个自然生长的外观，并进一步艺术化和抽象化为具有 3D 效果的葡萄藤叶图案。整个外立面仅由一种构图元素组成，即大约 2 900 个相同的立体形态的铝质构件，它们呈现出三种不同深浅的绿色的渐变效果。

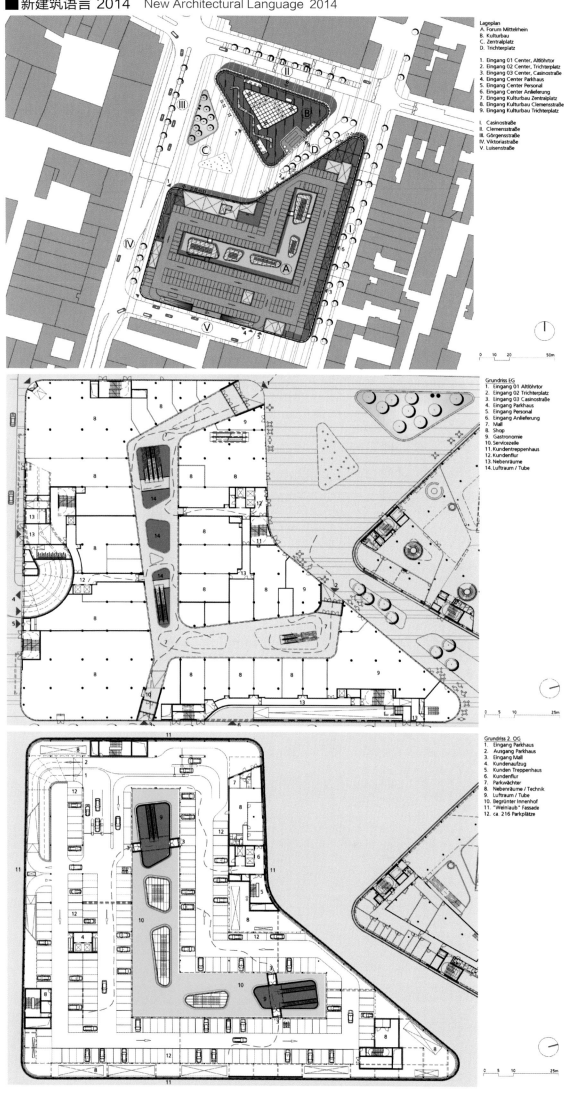

Lageplan
A. Forum Mittelrhein
B. Kulturbau
C. Zentralplatz
D. Trichterplatz

1. Eingang 01 Center, Altlöhrtor
2. Eingang 02 Center, Trichterplatz
3. Eingang 03 Center, Casinostraße
4. Eingang Center Parkhaus
5. Eingang Center Personal
6. Eingang Center Anlieferung
7. Eingang Kulturbau Zentralplatz
8. Eingang Kulturbau Clemensstraße
9. Eingang Kulturbau Trichterplatz

I. Casinostraße
II. Clemensstraße
III. Görgensstraße
IV. Viktoriastraße
V. Luisenstraße

0 10 20   50m

Grundriss EG
1. Eingang 01 Altlöhrtor
2. Eingang 02 Trichterplatz
3. Eingang 03 Casinostraße
4. Eingang Parkhaus
5. Eingang Personal
6. Eingang Anlieferung
7. Mall
8. Shop
9. Gastronomie
10. Servicezeile
11. Kundentreppenhaus
12. Kundenflur
13. Nebenräume
14. Luftraum / Tube

0 5 10   25m

Grundriss 2. OG
1. Eingang Parkhaus
2. Ausgang Parkhaus
3. Eingang Mall
4. Kundenaufzug
5. Kunden Treppenhaus
6. Kundenflur
7. Parkwächter
8. Nebenräume / Technik
9. Luftraum / Tube
10. Begrünter Innenhof
11. "Weinlaub" Fassade
12. ca. 216 Parkplätze

0 5 10   25m

Ansicht Zentralplatz
1. Eingang Altlöhrtor
2. Eingang Trichterplatz
3. Eingang Kundentreppenhaus
4. Casinostraße
5. Viktoriastraße

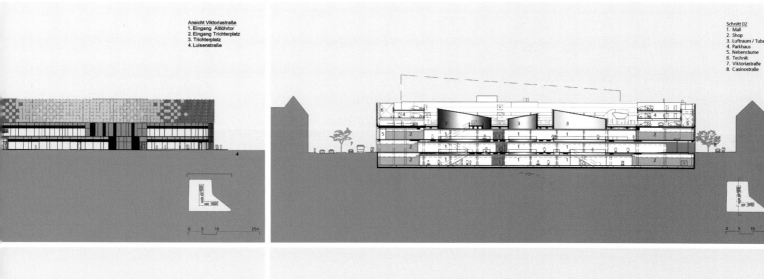

Ansicht Viktoriastraße
1. Eingang Altlöhtor
2. Eingang Trichterplatz
3. Trichterplatz
4. Luisenstraße

Schnitt 02
1. Mall
2. Shop
3. Luftraum / Tube
4. Parkhaus
5. Nebenräume
6. Technik
7. Viktoriastraße
8. Casinostraße

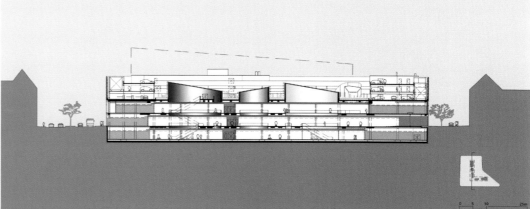

公司简介：

Benthem Crouwel Architekten BV bna 是一家国际性、跨学科建筑事务所，于 1979 年由 Jan Benthem 和 Mels Crouwel 建立。其工作范围包括复杂的基础设施项目、有着大量人流的公共建筑以及室内设计。凭借 30 多年的经验，该事务所提出了众多具备功能性、灵活性和高效性的创新方案。

其主要作品包括阿姆斯特丹国际会展中心、德国 Zentralplatz 广场重建、RAI 展览和会议中心扩展项目 Elicium、阿姆斯特丹弗莱彻酒店、帕尔马耳房、阿姆斯特丹 A2 酒店、科布伦茨 Forum Mittelrhein 购物中心、阿姆斯特丹史基浦机场、阿姆斯特丹牙科学术中心、海牙"水闸广场"的音乐舞蹈中心、新 Stedelijk 博物馆等。

酒店建筑

Hotel

浙江桐乡振石大酒店

设计单位：上海栖城建筑规划设计有限公司
开发商：桐乡巨石集团
项目地址：中国浙江省桐乡市
占地面积：30 681.7 ㎡
建筑面积：61 492 ㎡

地域特色
现代时尚
交通组织

项目概况

项目依托桐乡丰富的自然和文化资源，打造了一个集会议、度假、餐饮、娱乐、休闲、养生和住宿为一体的、富有桐乡地区文化特色、豪华而极具时代感的五星级酒店。

建筑设计

整体规划简洁合理，收放有致，充分体现了作为国际五星级宾馆的气质，也体现了桐乡地区的文化特征及风格特色。

酒店主体建筑沿 320 国道和庆丰南路展开，呈"人"字形带状，以获得更多的城市界面与城市形象展示面。其中沿 320 国道的建筑为酒店主体楼和裙房，沿庆丰南路南侧的则为办公楼。酒店和办公楼通过一个连廊联系起来，形成一个城市综合体。

在西北角的 320 国道和西侧规划道路的交叉口，设置有酒店的宴会厅和娱乐楼出入口。宴会厅主要用于政府及大型会议接待，在功能上相对独立；娱乐楼出入口左右对称，庄重典雅。在庆丰路上还设置了一个会议和中餐厅的出入口，方便非住店顾客的使用。

交通的合理布置是设计的一大特色。为了满足停车要求，酒店室外设置一定量的地上停车位，大部分停车位位于地下车库内，车行主要在建筑外围解决。设计在西侧规划道路上设置酒店的员工和货物出入口，这条道路较为隐蔽，对酒店干扰最小。

主体宾馆楼周围形成环状的消防通道，环绕酒店四周。酒店背后的道路为 2 m 宽的硬质铺装人行道路，道路外侧 2 m 内的地面按照可承载消防车压力的路面设计，平时植草作为绿化，紧急时供消防车通行。

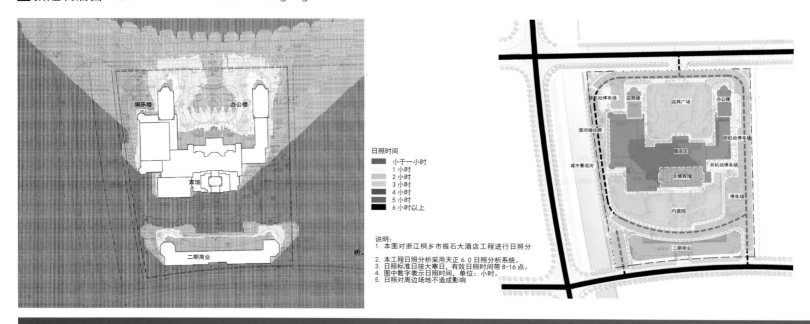

日照时间

小于一小时
1 小时
2 小时
3 小时
4 小时
5 小时
6 小时以上

说明：
1. 本图对浙江桐乡市振石大酒店工程进行日照分
2. 本工程日照分析采用天正 6.0 日照分析系统。
3. 日照标准日按大寒日，有效日照时间带 8-16 点。
4. 图中数字表示日照时间，单位：小时。
5. 日照对周边场地不造成影响

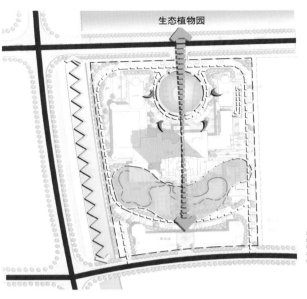

生态植物园

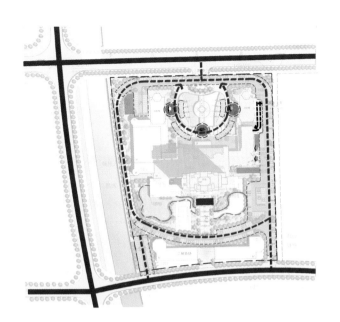

宾馆出入口
酒店后勤出入口
娱乐楼出入口
办公楼出入口
车库出入口
宾馆货运入口
地下停车场
城市道路
区主要车行道路
消防等高场地
上下客区
酒店内庭院步行系统
地下层范围
非机动车停车场

景观渗透
前庭广场
后庭花园
沿河景观带
主要景观轴

公司简介:

上海栖城建筑规划设计有限公司是GN公司在中国的一个子公司,在中国拥有由100多名来自全球各地的专业人士构成的强大团队。多年来,它在中国30多个城市完成了多个客户案例,涉及办公、酒店、居住、商业和景观等领域。

上海栖城建筑规划设计有限公司将"创造力、执行力、感染力"作为企业的工作理念;在设计实践中一直致力于当代建筑文化的复兴,不仅为委托人实现商业价值,其设计作品中也充满着独立的文化价值观和对社会的多义思考,人文气质始终贯穿项目实践中。

该公司获得的主要荣誉和奖项包括:2012年雨阳公园获得"CIHAF设计中国-景观设计"优胜奖;2010年获得Di"2010年度园林景观品牌设计企业"荣誉称号;2006年获得联合国FOTUN"全球人居环境建筑设计奖";2006年,荣获DI"2005-2006中国民用建筑市场最佳建筑设计企业"奖等。

四川成都花水湾名人度假酒店

设计单位：OAD 建筑设计事务所
合作单位：成都市建筑设计院
开发商：中铁二局巴登巴登温泉开发有限公司
项目地址：中国四川省成都市
占地面积：89 346.484 ㎡

巴蜀风情
因地制宜

项目概况

　　花水湾名人度假酒店地处国家级旅游度假区大邑县花水湾小镇，周边汇集了诸多国家级风景名胜区及名胜古迹，地理位置优越，自然资源丰富。设计方案充分尊重当地的自然环境与人文脉络，营造具有浓郁巴蜀风情、花鸟共语的度假氛围，使之成为中国西南标志性的国际休闲度假区。

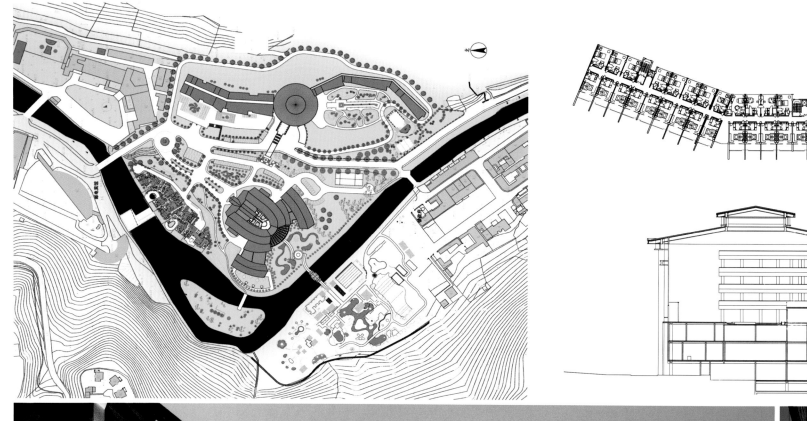

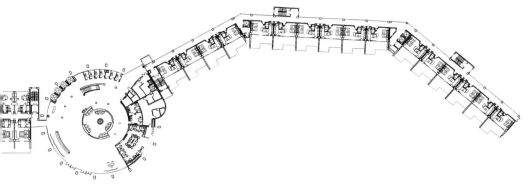

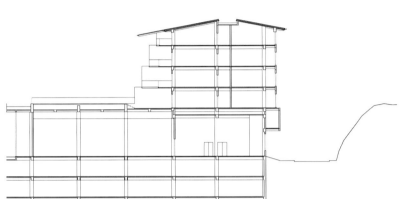

设计特色

生于山中的有机生命

建筑整体形态构架以山为母体，平面依托基地的自然地形布置，立面结合背景山体的轮廓线起伏，给人一种建筑从山中生长出来的感觉。同时其超长的结构尺度极富张力，表现了大山的坚韧和力量。

因地制宜的超长尺度

建筑设计大胆地采用超常规的尺度迎合背景山体连绵的自然画面，呈现出一种极具视觉冲击力的震撼效果。同时温泉水会作为从整体构架中抽离出的圆形虚空间，与圆形酒店大堂呼应，成为一个整体，减少了主体酒店超长的尺度带来的突兀感。

传承四川民居之美

建筑的造型设计以四川传统民居为原型，发掘传统屋顶元素的秀美，将现代工程手段应用到项目中。同时建筑整体材质选用天然石材、白色涂料、透明玻璃，局部使用木材和花岗岩，呈现出浓郁的巴蜀风情，具有很强的可识别性。

依山扭曲的错落变化

整体布局参照传统的吊脚楼，建筑依山就势而建，层叠进退，依据山体地势的变化，将建筑的长方体模板进行扭曲和变形，形成多道转折的错落美。

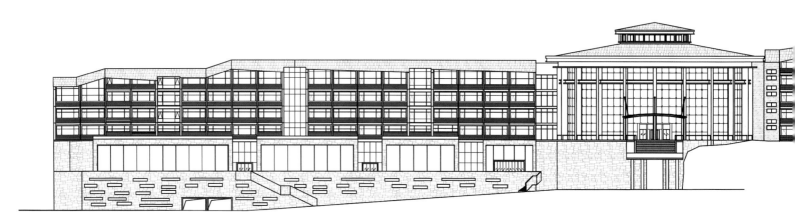

公司简介:

　　OAD 建筑设计事务所是成立于美国新泽西州的国际化建筑师事务所，主要合伙人由美国注册建筑师及美籍华人建筑师组成。OAD 一直致力于向业主提供最优秀的设计、技术、管理和服务。在对多种建筑类型深入了解的基础上，事务所对设计中的创新孜孜以求，努力

创造独特而成功的空间环境。

　　OAD 具有国际化设计理念，强调从城市和环境的角度理解建筑，对规划、建筑、室内、景观全方位整合，将人性化空间、绿色生态等观念融入到设计中，以创新作为设计的灵魂，积极面对每项工程的特定条件及要求的挑战，

提供创造性的解决方案。OAD 多次在国内外设计竞赛中获奖，其中北京富力丹麦小镇、成都花水湾名人度假酒店项目获得 2009 年度联合国人居奖；方恒国际商业中心于 2006 年 7 月获第二届中国国际建筑艺术双年展建筑设计优秀奖。

英国伦敦市政厅酒店

设计单位：RARE 建筑事务所
开发商：Mastelle (Zinc House) ltd
项目地址：英国伦敦
建筑面积：8 900 ㎡
设计团队：Michel da Costa Gonçalves
　　　　　Nathalie Rozencwajg
　　　　　Carl Greaves　　　Coralie Huon
　　　　　Agata Borecka　　Julien Mirada
　　　　　Luca de Gaetano　Anne Paillard
　　　　　Julien Loiseau　　Claude Ballini
　　　　　Taeho Kim　　　　Duncan Geddes
　　　　　Calvin Chua　　　Kai Ong

镂空表皮
参数化设计

项目概况

　　位于伦敦东区的市政厅酒店由被列为二级历史保护建筑的前市政厅——巴斯路市政厅改建而来。这一大胆的改建方案既尊重了现有的建筑和周围的环境，又注入了当代精神，使建筑实现了华丽的变身。

建筑设计

　　整个项目包括加建顶层和翼楼以及对现存建筑进行修复等工程。在改建过程中，为满足业主增加酒店客房数量的需求，设计师不是在已有建筑的基础上新建一栋建筑，而是在原建筑的顶部加建了一层，并以抽象的方式将新建部分与已有结构整合在一起。新建部分成为了现存建筑的一个背景，并与之形成一个具有内在联系的整体。

在新建筑的立面设计上，设计师采用了镂空金属板表皮，并通过参数化设计以及数字化制造工艺调节表皮镂空部分，以控制视线及光线，从而形成与周围环境的对话。这层抽象的表皮成为原有建筑的背景，也将两个时期的建筑整合在一起。

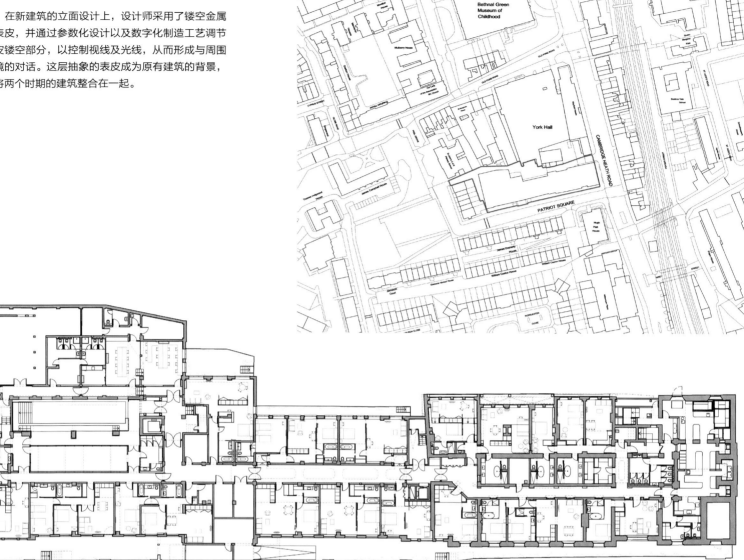

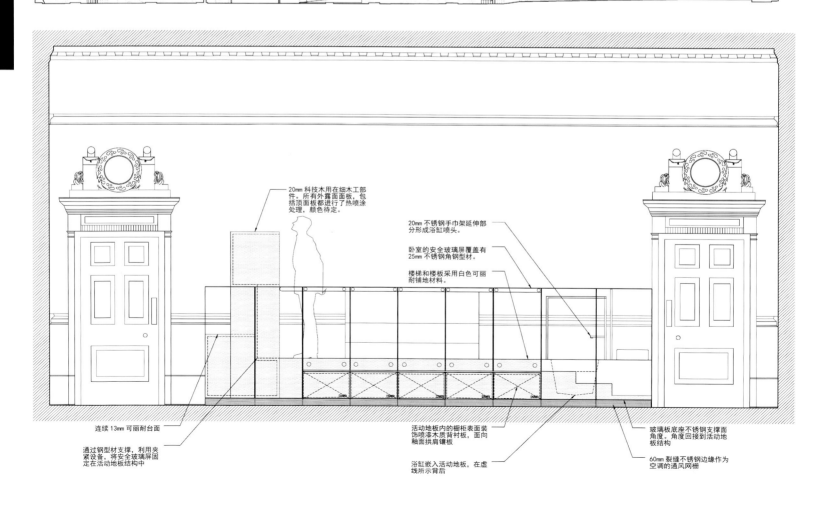

20mm 科技木用在细木工部件。所有外露面面板，包括顶面板都进行了热喷涂处理，颜色待定。

20mm 不锈钢手巾架延伸部分形成浴缸喷头。

卧室的安全玻璃屏覆盖有25mm 不锈钢角钢型材。

楼梯和楼板采用白色可丽耐铺地材料。

连续13mm 可丽耐台面

通过钢型材支撑，利用夹紧设备，将安全玻璃屏固定在活动地板结构中

活动地板内的栅格表面装饰喷漆木质衬板，面向釉面拱肩镶板

浴缸嵌入活动地板，在虚线处示背后

玻璃板底座不锈钢支撑面角度。角度回接到活动地板结构

60mm 裂缝不锈钢边缘作为空调的通风网栅

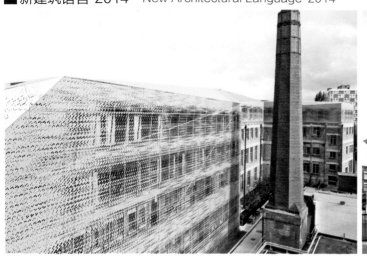

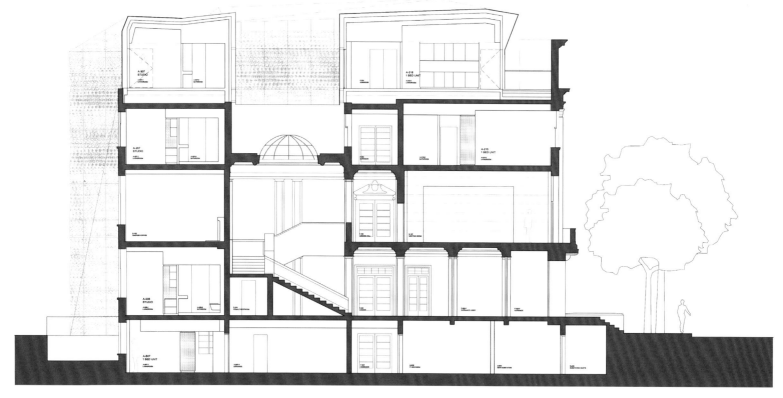

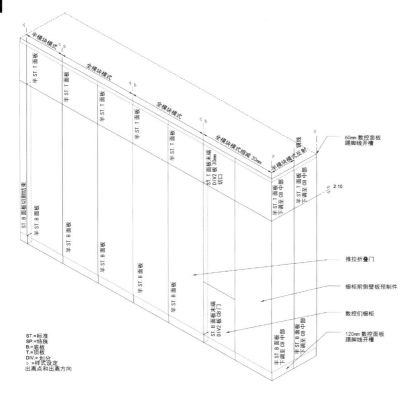

3D 视图

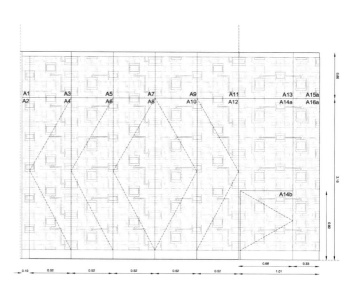

定制图案面板立面

公司简介：

RARE 建筑事务所成立于 2005 年，由 Michel da Costa Gonçalves 和 Nathalie Rozencwajg 创建，在巴黎和伦敦设有办事处。事务所将实践、研究和教育结合起来，通过新材料的运用，创造新的建筑类型。

事务所关注对在高密度城市中插入不同尺度的建筑物的研究，通过满足当代需求、预计未来趋势和技术演变来探索当下的城市变化，并将这一探索应用到其工作领域中。

Nathalie Rozencwajg 于 2001 年毕业于伦敦 AA 建筑学院，曾与 Erick van Egeraat 共事，其作品主要分布在欧洲、亚洲和中东，其作品包括雅典奥纳西斯歌剧院等。Michel da Costa Gonçalves 曾在西班牙和法国的 ENSAPL 从事过研究工作，他对工程学参数化设计、数字模型具有浓厚的兴趣，最近完成了法国梅斯蓬皮杜的设计。

西班牙巴塞罗那 ME 酒店

地域特色
"城市灯塔"

设计单位：Dominique Perrault Architecture
合作单位：Corada Figueras Arquitectos
开发商：Hoteles Sol-Meli à
项目地址：西班牙巴塞罗那
场地面积：3 230 ㎡
总建筑面积：29 334 ㎡

项目概况

位于巴塞罗那的 ME 酒店融合了这个城市的两大特色：它既体现了城市规划中从城市中心一直延展到海洋的水平网络布局，又展示了 Sagrada Familia 大教堂及 Tibidabo 山所定义的动感垂直轮廓。

设计特色

设计的灵感源自对巴塞罗那城市结构的解读。巴塞罗那呈现出来的水平肌理和垂直轮廓，启发了设计师提出构建一座根植于城市肌理中的垂直体量的设想。在立方体结构的基座上，矗立着一栋高 120 m 的长方体塔楼，塔楼两侧被切割了一部分，宛若由两个在垂直方向上发生位移的体量粘合而成。这个集合形体的建筑，在临街面上展现出挺拔的姿态，产生强烈的视觉冲击力。

建筑设计

塔楼顶端高 25 m 的顶棚被设计为凉廊，凸出的悬臂结构在垂直的天际线上形成"羽冠"，体量的后退则形成了一个露台般的小广场，朝向 Calle Lope de Vega 大道开放。这些基本元素的组合方式，赋予了建筑独有的个性和特征。

被切割成不同纹理的不透明面板覆盖着整个立面，其上随机镶嵌着红、蓝、绿等不同色彩的玻璃，就像一扇巨大的彩色玻璃窗。夜晚来临时，塔楼摇身变为绚丽的"城市灯塔"，成为 Diagonal 大道光彩夺目的视觉焦点。

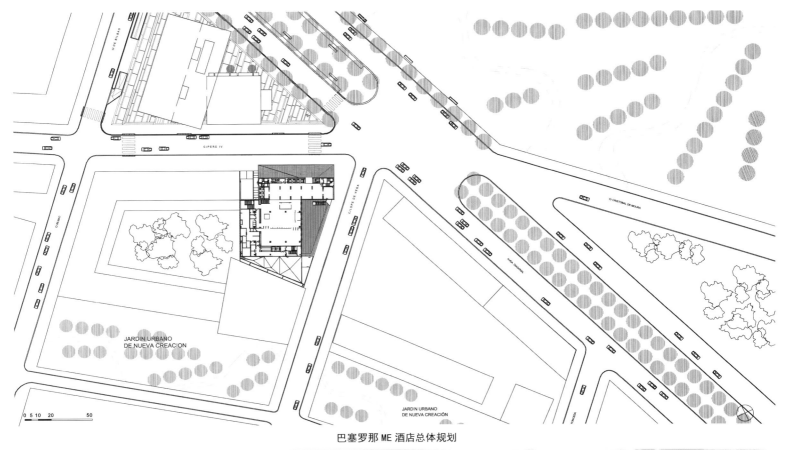

巴塞罗那 ME 酒店总体规划

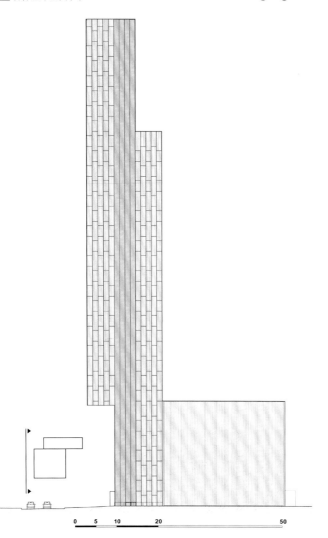

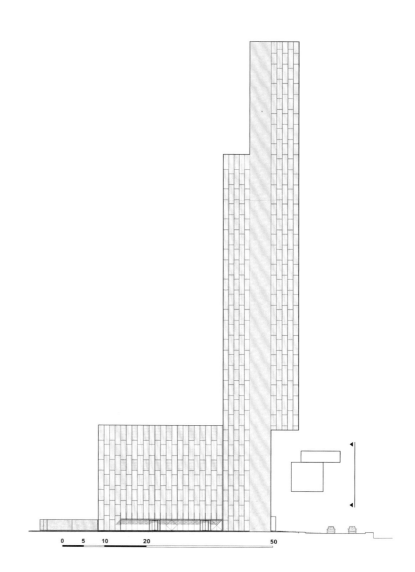

行政层（第25层）和套房层平面图（26层—28层）

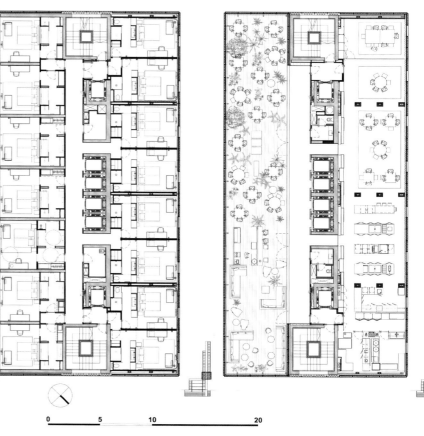

酒店客房层（7—16层）和空中餐厅层平面图（第24层）

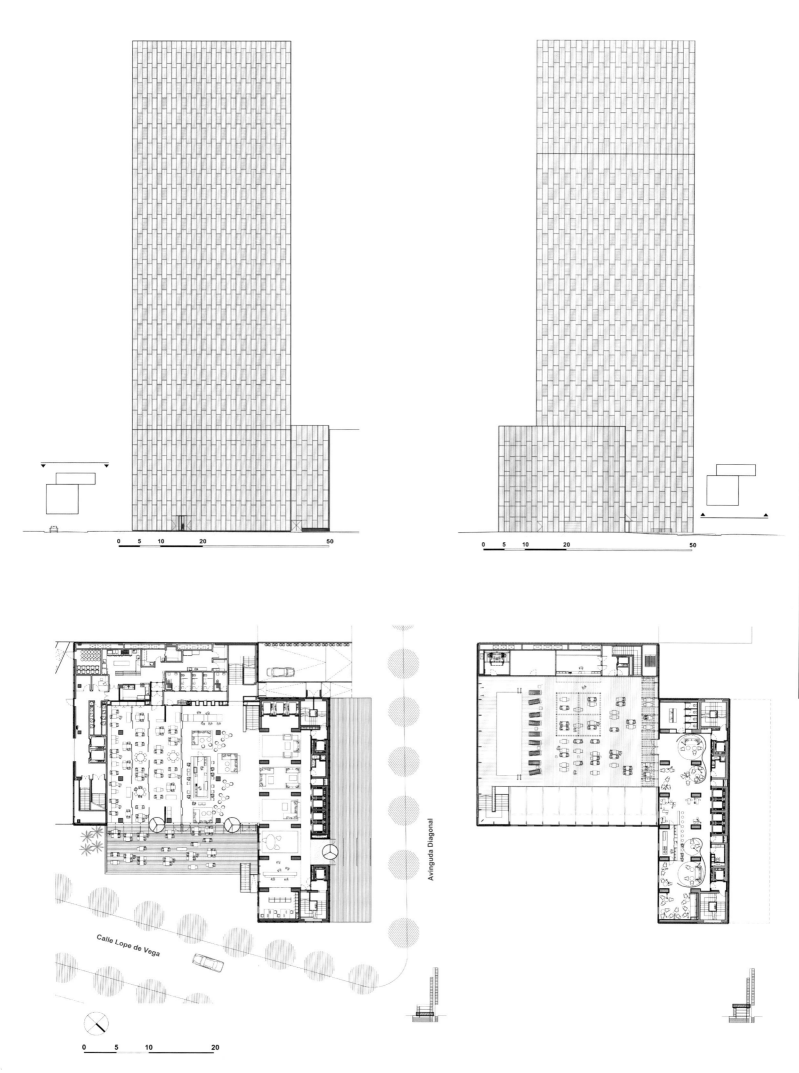

底层和游泳池（第六层）

公司简介：

Dominique Perrault Architecture 于 1981 年由 Dominique Perrault 在巴黎建立。事务所通过不断地研究和创新性设计推动建筑设计、城市规划和设计的发展。该事务所重新定义了"建筑"这一词汇，其对城市建筑新类型以及建筑材料（包括金属网的使用）的研究，使之在建筑研究上起着领军作用。

公司创始人 Dominique Perrault 1953 年出生在法国的克拉蒙特，曾获得过法国国立高等美术学院的建筑学学位、巴黎国立路桥学院城市规划高级文凭、巴黎社会科学高等学院历史学硕士文凭。同时，他也是法国荣誉爵士、法国建筑学会的成员、德国建筑师协会的荣誉会员（BDA）和英国皇家建筑学会的成员。Dominique Perrault 获得过多项大奖，包括 1996 年法国国家建筑奖、1997 年因国家图书馆的设计而获得的密斯·凡·德·罗奖。

展览建筑
Exhibition Building

广东深圳 OCT 设计博物馆

设计单位：朱锫建筑设计事务所
开发单位：深圳华侨城股份有限公司
项目地址：中国广东省深圳市
项目面积：5 000 ㎡
设计团队：朱锫　曾晓明　何帆　柯军
　　　　　焦崇霞　殷霄　李思

超现实空间
极简纯净
无边界空间
装置艺术
可移动墙体

项目概况

　　设计的目的是创造一个能给人们带来超然体验的超现实主题空间。建筑的设计灵感来自于临近海湾的基地位置及其功能需求，其功能能够满足概念车、大型产品设计展示，以及时装表演等需求。

建筑设计

　　建筑外观直接体现了内部连续的曲线空间。即使当建筑被放置在城市布局中时，其光滑有机的造型仍拥有超现实效果。建筑的形态流动于地面之上，以及周遭景观之间，仿若来自外太空。

1. 入口大厅
2. 贵宾接待室
3. 休息厅

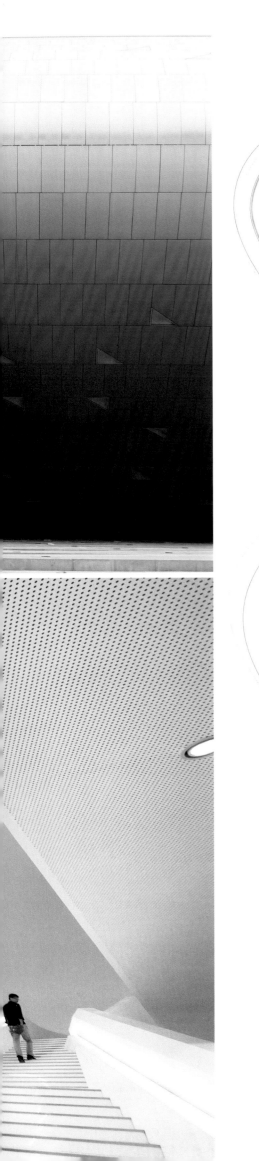

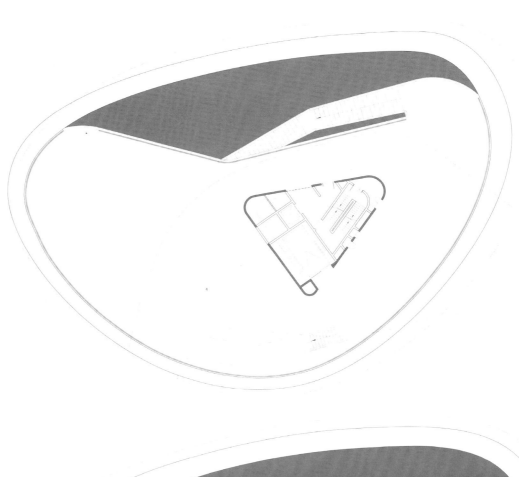

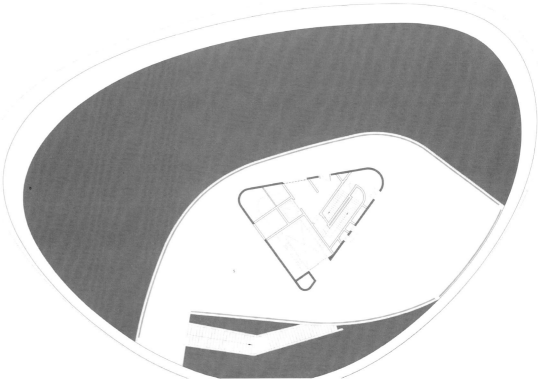

设计从散落在海滩上的光滑的石头中汲取灵感，建筑就如同一块光滑纯净的石头，被投放在过度饱和的城市背景之下，变成了一个极简、纯净的剪影。一些随机散落的三角形小窗户跳跃其上，好似展翅飞翔的鸟儿。

室内空间的设计依附于一个连续的、没有投影、没有厚度的白色曲面，形成一个超现实的无边界空间，给人身处云中雾里，似乎要走向永恒的视觉效果，让人联想到詹姆斯·特瑞尔的装置艺术。在普通认知层面上，汽车看起来重量感十足，但是在这个无限的空间里它变得没有质感，从而使曲线、光影和强烈的色彩变成展示的焦点。

建筑的首层拥有一个入口大厅和咖啡馆，二层和三层主要是展览空间，储藏空间则均匀分布在每层之间，而连接各小空间的可移动墙体可以灵活控制展览空间的规模和类型。

设计师简介：

作为清华大学建筑学硕士、美国加州伯克利大学硕士，2005年，当代著名建筑师朱锫创建了朱锫建筑设计事务所。朱锫是中国美术馆及文化建筑设计领域中影响最大的建筑师之一，曾应古根海姆艺术基金会的邀请，设计北京古根海姆博物馆及阿布扎比古根海姆艺术馆，使之成为继弗兰克·莱特（Frank L Wright）、弗兰克·盖瑞（Frank Gehry）、扎哈·哈迪德（Zaha Hadid）之后，世界上又一名能够设计古根海姆博物馆的国际知名建筑师。其作品先后在威尼斯双年展、蓬皮杜艺术中心展出，且其作品模型与装置先后被世界知名美术馆收藏。朱锫被美国《赫芬顿邮报》选为"当今世界最重要的5位（50岁以下）建筑师之一"，被美国《Architectural Record》杂志评为"全球设计先锋"，被英国《Wallpaper》杂志授予"库瓦西耶设计奖"。

波兰克拉科夫城市信息和展览中心

移动帘幕
传统建筑语汇的新表达
通透且封闭的立面设计

设计单位：Ingarden & Ewý Architects
开发商：克拉科夫城市和威斯比恩斯吉 2000 基金会
项目地址：波兰克拉科夫
占地面积：297 ㎡
总建筑面积：856 ㎡

项目概况

    波兰克拉科夫城市信息和展览中心的设计，通过传统建筑语汇的重新阐释与传统建筑材料的选择，使这个现代建筑流露出古韵。这一建筑填补了克拉科夫中世纪历史城市结构的一个缺口，通过对其功能和形态构成的定位，使之融入到周围的古建筑群中。

建筑设计

　　建筑有两大主要功能：处理信息以及展示彩色玻璃，这需要将空间分成各种类型。彩色玻璃需要展示在高远、宁静的昏暗空间中，而信息中心是一个开放的、清晰的、光线充足的空间，既要有良好的照明，同时也要保证室内朝向室外的视野，使游客能从此处看到 Wszystkich Świętych 广场和 Wielopolski 宫附近的壮丽景观。

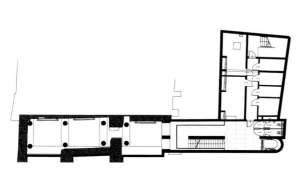

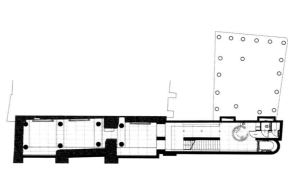

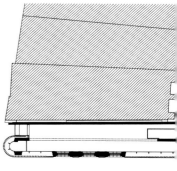

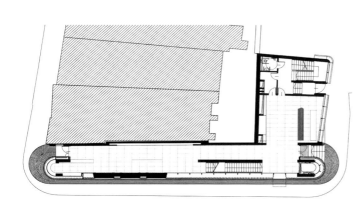
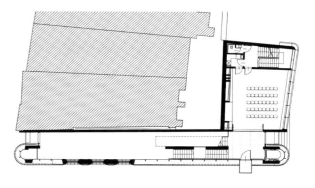

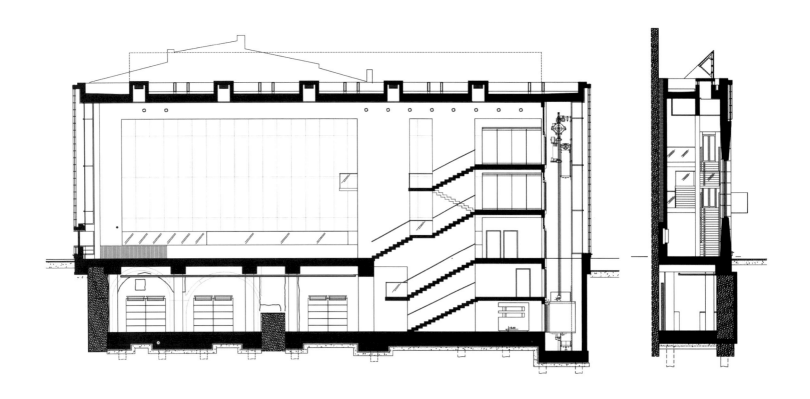

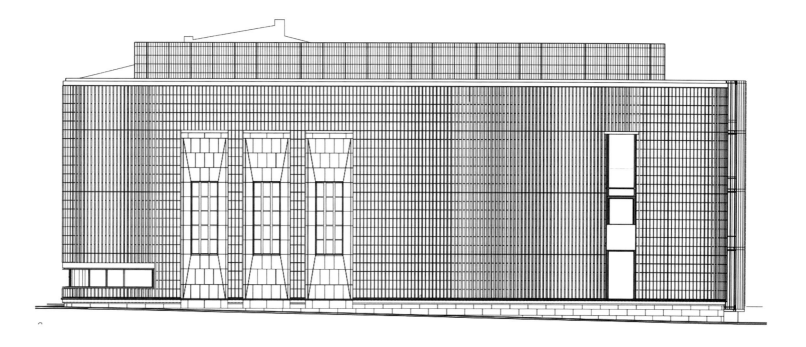

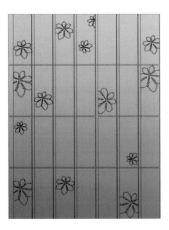

RODZAJE STEMPLA DO ODCIŚNIĘCIA WZORU

KSZTAŁT STEMPLA NR.1

KSZTAŁT STEMPLA NR.2

KSZTAŁT STEMPLA NR.3

FRAGMENT ELEWACJI Z PRZYKŁADOWYM UŁOŻENIEM CERAMIKI ZE WZOREM LIŚCIA

SCHEMAT KSZTAŁTU STEMPLA

stempel w kształcie łamanej linii
konturu liścia,
wyciśnięty cyfrowo w brązie
lub jako wygładły element
wyciśnięty w materiale używanym
do produkcji piaskotek
wzór na cegle – wgłębiony.

PRZYKŁADOWA LOKALIZACJA RELIEFU WKLĘSŁEGO NA ELEMENTACH CERAMICZNYCH
DOKŁADNA LOKALIZACJA DO SKONSULTOWANIA Z ARCHITEKTEM

TECHNIKA WYKONANIA: RELIEF WKLĘSŁY NA ELEMENCIE CERAMICZNYM ODCIŚNIĘTY PODCZAS PROCESU WYTWARZANIA CEGŁY
ODBICIE JEDNEGO Z 3. RODZAJÓW STEMPLA – MIEJSCE ODBICIA STEMPLA SKONSULTOWAĆ Z ARCHITEKTEM I
RYSUNEK STEMPLA (W FORMIE LIŚCIA – 3 WIELKOŚCI) WYKONANY LINIAMI PROSTYMI
ZAGŁĘBIENIE OK. 5. MM–SZCZEGÓŁY WYKONANIA SKONSULTOWAĆ Z WYKONAWCĄ ELEMENTÓW CERAMICZNYCH

ILOŚĆ SZTUK: OKOŁO 203R WSZYSTKICH ELEMENTÓW CERAMICZNYCH

LOKALIZACJA ELEMENTÓW CERAMIKI Z RELIEFEM W DOLNYM PASIE ELEWACJI (OD WYSOKOŚCI COKOŁU DO OK. +6.5M)
SZCZEGÓŁY LOKALIZACJA ELEMENTÓW CERAMICZNYCH ZE WZOREM SPRAWDZIĆ Z UŁOŻENIEM KOLORYSTYCZNYM CEGEŁ
I SKONSULTOWAĆ Z ARCHITEKTEM

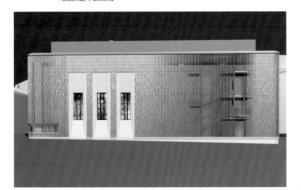

为满足建筑的这两大功能，设计采用了一个具有移动特点、既透明又封闭的立面。为了使立面的材料与周围建筑形成对话关系，设计选用同瓦维尔宫和哥特式教堂一样的建筑材料——砖块和石灰岩，来突出玻璃立面，使之满足既通透又封闭的功能需求。同时，中世纪的石材也使立面色彩实现从深紫色到橙色的渐变。

设计师为立面设计了独特的形态，设计将砖块传统的水平布局改为了垂直布局，并通过砖块上特意开凿的细长开口将之安装在钢条上。这样，一种外部可移动的帘幕——由砖块"珠子"制成的百叶窗就形成了。每个砖块能够进行单独调节，因而砖块平面能够根据个人的需要打开或关闭。

公司简介：

Krzysztof Ingarden

Jacek Ewý

　　Ingarden & Ewý Architects 所由克拉科夫建筑师 Krzysztof Ingarden 和 Jacek Ewý 成立于 1998 年。Ingarden & Ewý 涉及的工作领域主要是创新型公共建筑设计，其主要项目有 2012 年小波兰艺术花园；2010 年宗座大学图书馆；2008 年隆多商业园；2007 年维斯皮安斯基 2000 展览和信息馆；2005

年爱知世博会波兰馆等多个项目。除了公共建筑设计，Ingarden & Ewý 承担了众多非正式的住宅、办公、商业和工业项目的设计，受到建筑师、投资者和使用者的一致好评。

　　事务所主要负责人之一 Krzysztof Ingarden1987 年毕业于克拉科夫技术大

学，曾在东京的 Arata Isozaki 工作室和纽约的 J.S.Polshek & Partners 工作室工作；事务所另一主要负责人 Jacek Ewý 于 1983 年毕业于克拉科夫技术大学，于 1998 年与 Krzysztof Ingarden 建立了自己的事务所。

比利时科滕贝赫奥迪检测中心

设计单位：Urban Platform
开发商：D'leteren sa
项目地址：比利时科滕贝赫
项目面积：4 038 ㎡

曲线空间
动态立面

项目概况

　　项目位于比利时科滕贝赫，设计旨在构建一个动态的展示空间，其形态、选材和色彩皆满足了"奥迪"这一品牌的展示要求。

建筑设计

　　设计的基本理念是构建一座象征动态运动的曲线空间。外立面的动态切口在内部以拱形管道的形式延伸出来，弯曲的形态和拱形的墙壁强化了这一曲线的效果，形成了一个动态的车辆展示空间。

　　建筑尾端以透明与半透明的形态交替出现，加强了建筑的视觉效果，也成为建筑的一大特征。这一展示空间也成为了一个面向城市的橱窗，融入到城市肌理中。

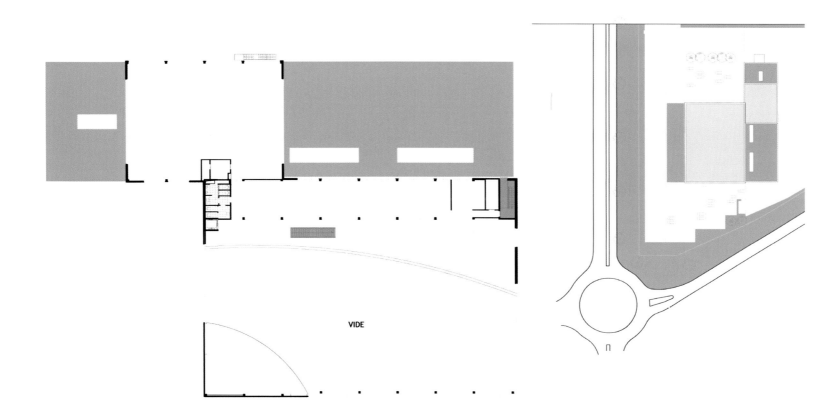

VIDE

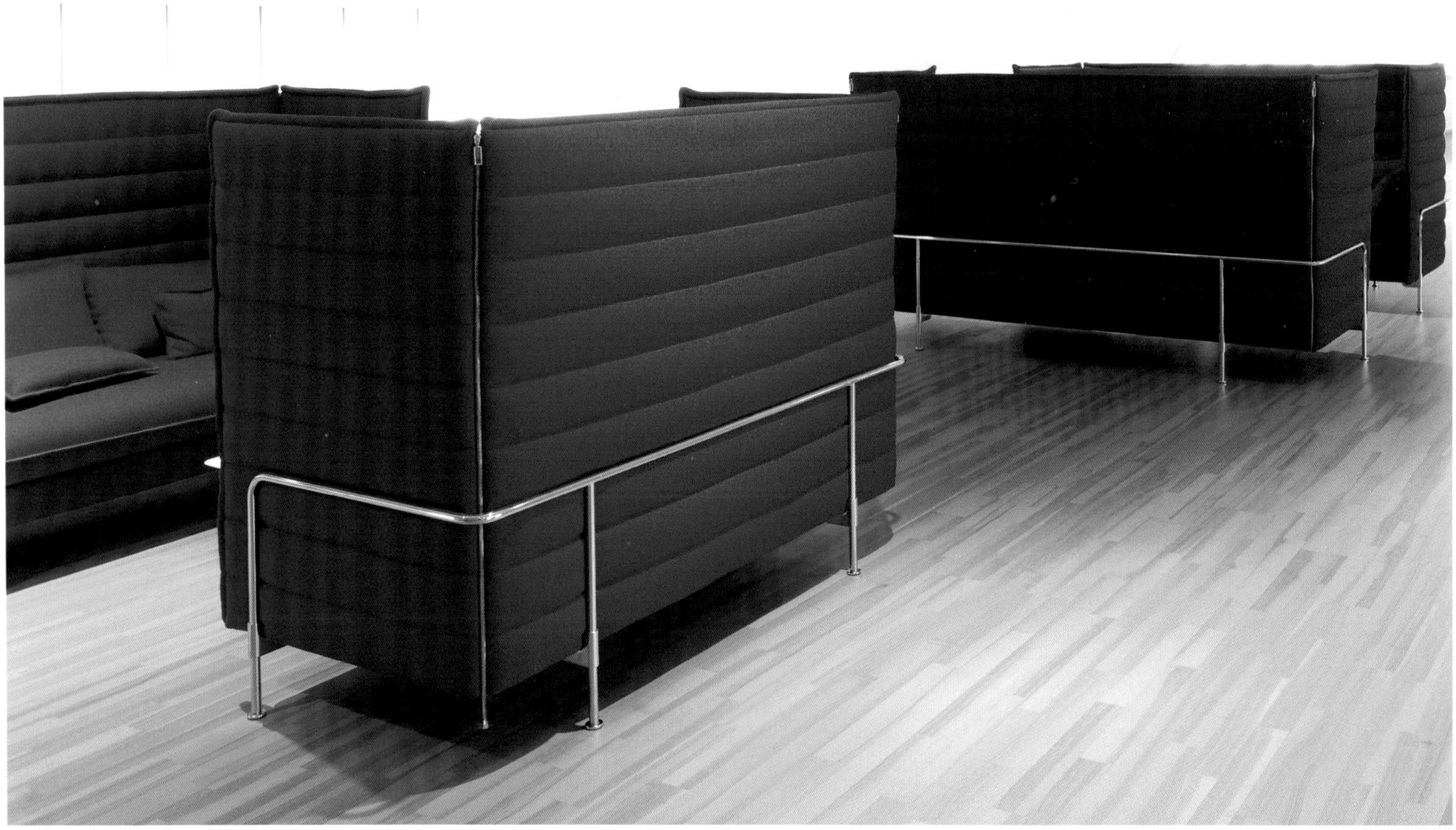

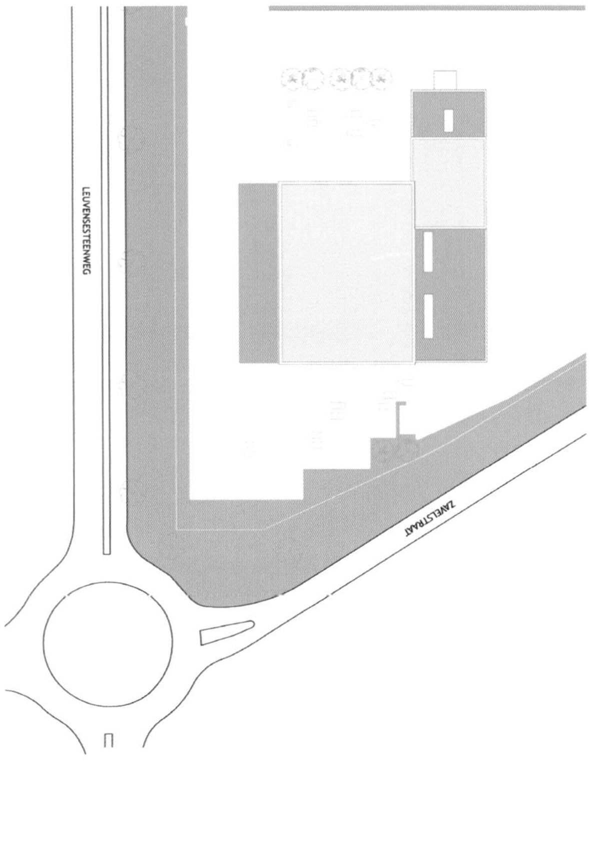
LEUVENSESTEENWEG
ZAVELSTRAAT

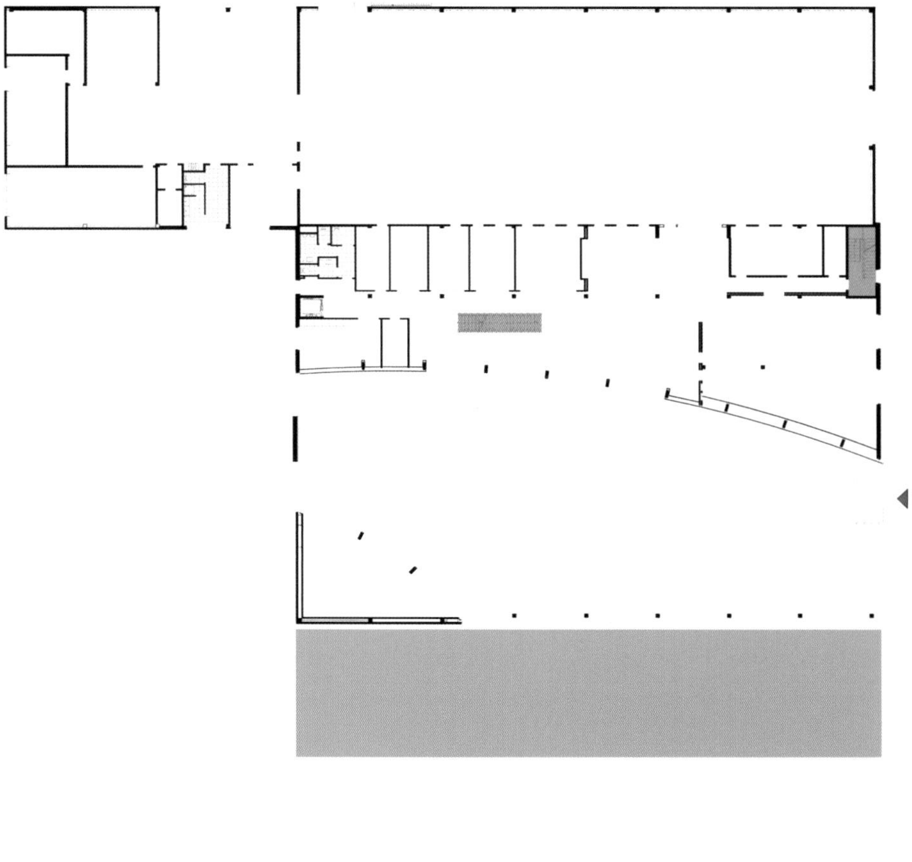

建筑外立面不透明的部分以穿孔铝板构成，与镶嵌了大型无框架玻璃窗的立面形成鲜明的对比，虚实之间，给人更加强烈的视觉效果。大型的无框架的玻璃窗，使人们可以从建筑外面看到展示在陈列室的车辆。

陈列室的内部曲线仿若一条街道，车辆的排布方式产生了真实而动感的展示效果，给人那些展示车辆正在大道上奔驰的错觉。另一方面，设计师对建筑材料和色彩的精心选择，也满足了奥迪这一高端品牌的展示要求。

公司简介：

Urban Platform 建立于 2000 年，是一个结合了专业技能和创新性理念的设计单位，可为不同规模的城市规划和建筑项目提供创新性、可持续性的方案。Urban Platform 认为对设计来说，最重要的是项目的增值过程。他们不断挑战当前只关注技术的设计方法，致力于超越技术的范畴，在建筑设计、城市规划和城市可持续性领域，用前沿的工作方法和设计理念实现项目的可持续性。

该事务所的主要作品包括：比利时奥斯坦德比利 STE 495 学校设计、比利时 "奥迪" 检测中心、比利时布鲁塞尔 TEN 083 住宅、比利时瑟内夫 FANCY 零售总部、比利时布鲁塞尔 SAINTE-GERTRUDE 教堂、比利时布鲁塞尔英美烟草公司 021 住宅、比利时希斯特尔 KOLAARD 总体规划、比利时布鲁塞尔圣安东尼地区公共空间设计等。

REUS 展览和会议中心

设计单位: Alonso Balaguer y Arquitectos Asociados
开发商: REUS DESENVOLUPAMENT ECONOMIC S.A.
摄影: Josep Mª Molinos

屋顶

项目概况

　　合理地组织空间结构和布局,尽可能地扩大自由的中央空间,以赋予这个未来的建筑最大的灵活性,这是设计的重点。

建筑设计

　　项目的首要问题是对会议中心进行布局,并对邻近地区进行组织和规划,以便容纳下这个 7 200 m² 的透明建筑。设计将建筑视为一个互相联系的空间,其外部空间有一个能容纳千人的户外广场,在视觉上与入口大厅相连。

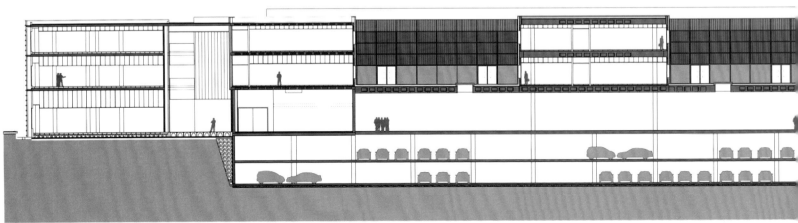

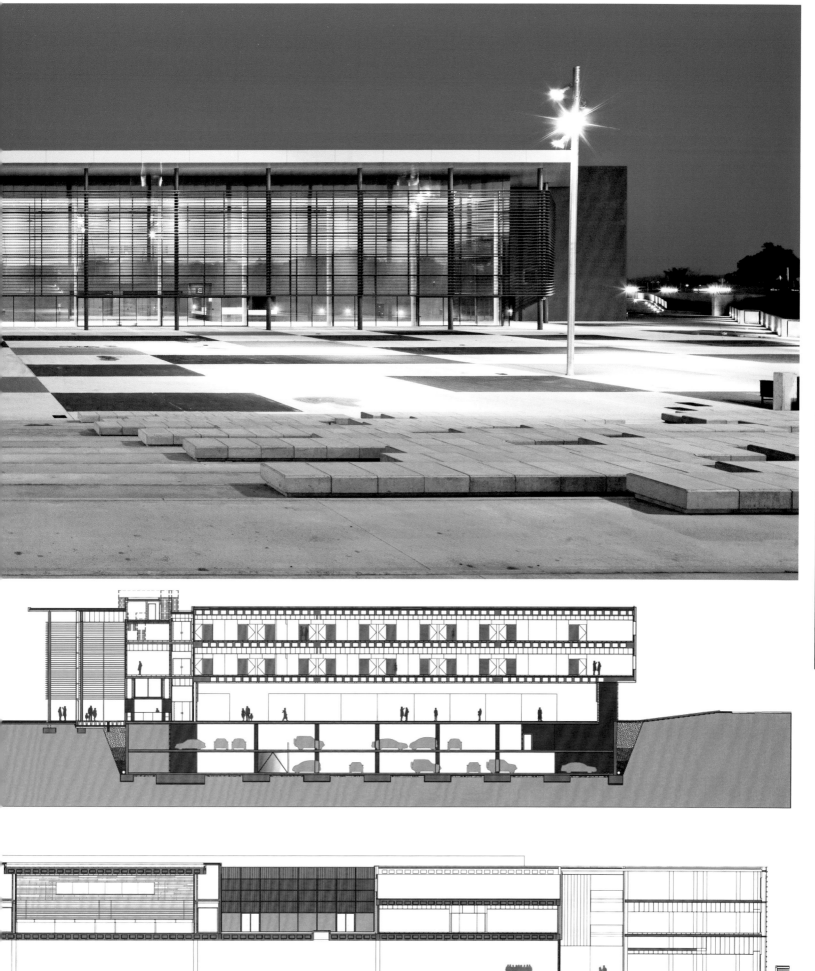

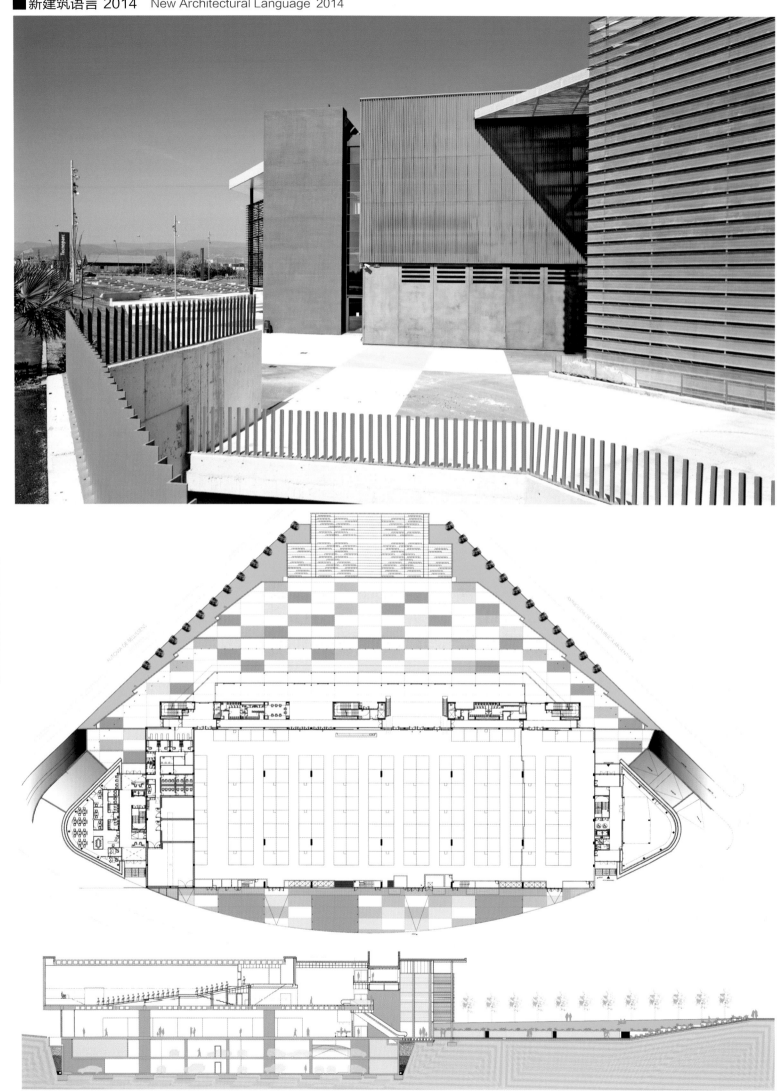

在形式上，会展中心由一个大型的屋顶平台统一起来，这一屋顶覆盖了整个建筑。根据屋顶的尺寸特征和其靠近机场的地理条件，设计师将其打造为建筑的第五个外立面。从屋顶投下的光与影让人联想到地中海，给这一特定环境中的建筑营造了一个现代的形象。在功能上，屋顶不仅可作为会展中心日程活动安排的显示屏，同时也是太阳能设备和雨水集合器的容器。

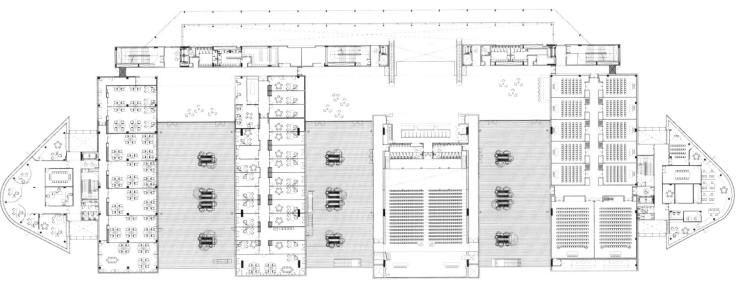

公司简介：

Alonso Balaguer y Arquitectos Asociados 由 Luis Alonso 和 Sergio Balaguer 建立于 1978 年，总部设在巴塞罗那，在马德里、利马和纽约设有办事处。事务所的业务范围涵盖建筑设计、城市规划、室内设计、工业设计和平面设计。其作品包括摩天大厦、体育中心、酒店、医院、商业和休闲中心、住宅项目、多功能建筑等。该事务所认为"时尚终究会变得过时"，故而，他们更注重作品的功能性和可持续性以及对环境的尊重与保护。

事务所的主要作品包括：巴塞罗那的西班牙大厦、O2 健康中心、巴塞罗那国际高级医疗中心、佩尼亚菲尔新的普罗多思酒庄、巴塞罗那拉斯阿雷纳斯斗牛场改造项目、奥斯皮塔莱特欧洲广场内的摩天大厦、加泰罗尼亚住宅大楼、阿尔及尔住宅大楼、马德里伊比德罗拉商务培训校区、哈萨克斯坦阿拉木图体育馆等。

奥地利巴特格莱兴贝格基弗技术展厅

设计单位：Ernst Giselbrecht + Partner ZT GmbH
开发商：Kiefer technic GmbH
项目地址：奥地利施第里尔州巴特格莱兴贝格
总建筑面积：545 ㎡
建筑面积：298 ㎡
设计团队：DI Peter Fürnschuss　Andreas Mitterhauser
奖项：2009 年"最佳创意规划"ZT 奖
　　　2009 年 DETAIL-Industriepreis 提名
　　　2008 年芝加哥雅典娜神庙奖、国际建筑奖
　　　2008 年奥地利建筑奖

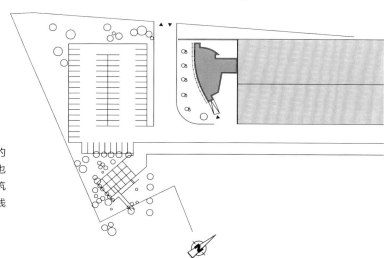

项目概况

    在一座随处可见优秀建筑的城市，如何让自己的作品独特醒目，这既是对设计师的一种挑战，同时也是一种机遇。基弗技术展厅是对粗犷通透的公共建筑设计、各色材料的搭配组合、节能设计理念进行实践的高峰，构建了一个通风、展示效果俱佳的展厅。

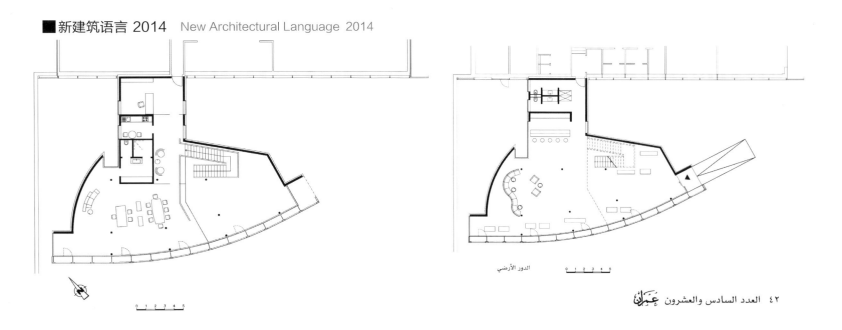

الدور الأرضي

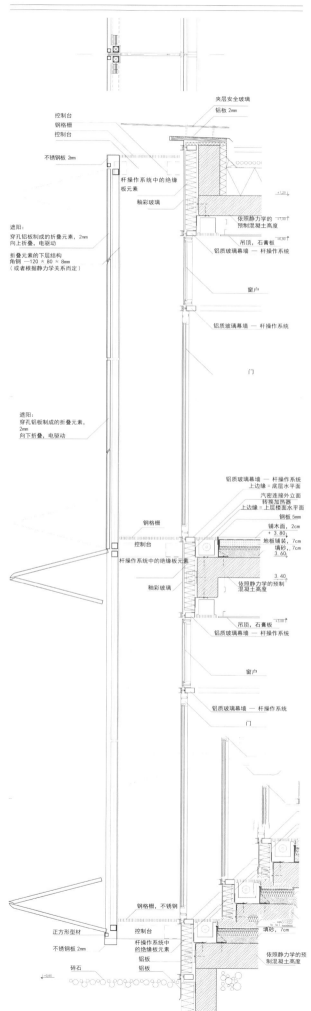

遮阳：
穿孔铝板制成的折叠元素，2mm
向上折叠，电驱动

折叠元素的下层结构
角钢 —120 × 80 × 8mm
（或者根据静力学关系而定）

遮阳：
穿孔铝板制成的折叠元素，
2mm
向下折叠，电驱动

控制台
钢格栅
控制台

不锈钢板 2mm

杆操作系统中的绝缘
板元素

釉彩玻璃

钢格栅

控制台

杆操作系统中的绝缘
板元素

釉彩玻璃

钢格栅，不锈钢

控制台

正方形型材

杆操作系统中
的绝缘板元素

不锈钢板 2mm

铝板

碎石

铝板

夹层安全玻璃

铝板 2mm

依照静力学的
预制混凝土高度

吊顶，石膏板

铝质玻璃幕墙 — 杆操作系统

窗户

铝质玻璃幕墙 — 杆操作系统

门

铝质玻璃幕墙 — 杆操作系统
上边缘 = 底层水平面

汽密连接外立面
转换加热器
上边缘 = 上层楼面水平面

钢板 5mm
铺木面，2cm
地板铺装，7cm
填砂，7cm

依照静力学的预制
混凝土高度

吊顶，石膏板

铝质玻璃幕墙 — 杆操作系统

窗户

铝质玻璃幕墙 — 杆操作系统

门

填砂，7cm

依照静力学的预
制混凝土高度

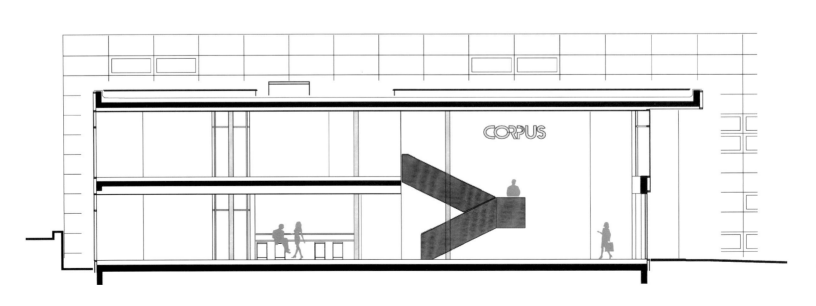

剖面　0 1 2 3 4 5

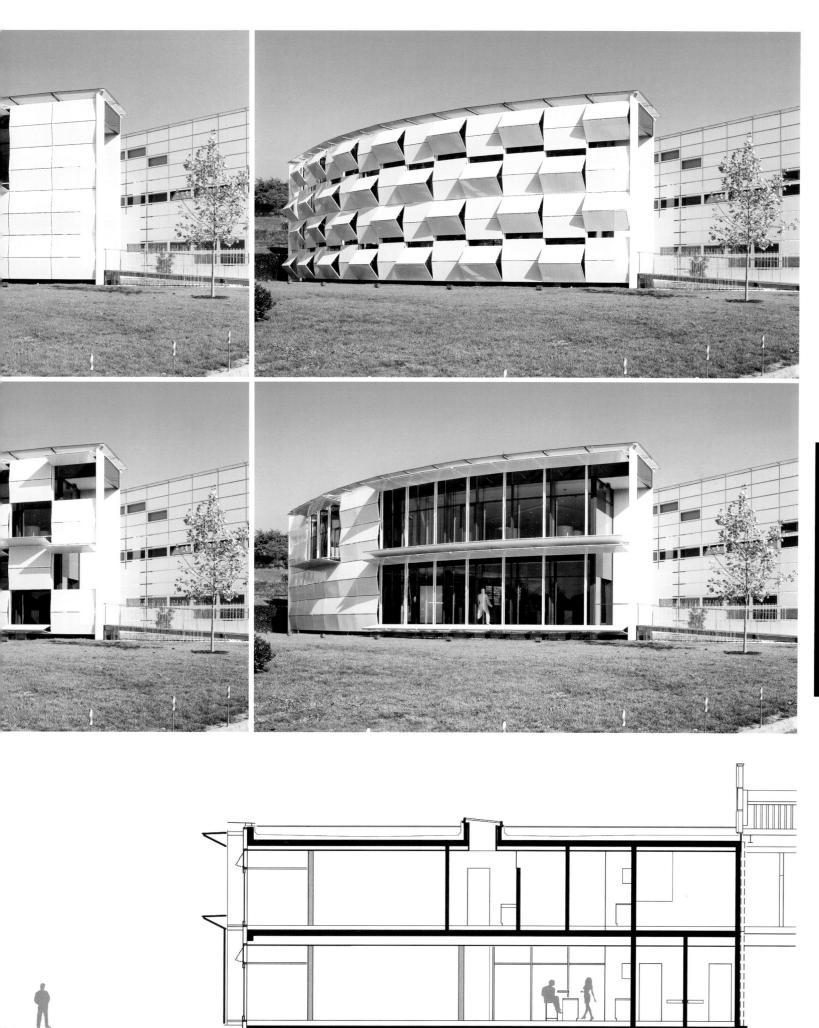

剖面　0 1 2 3 4 5

342

建筑设计

　　这是一个技术展厅兼办公空间，它的立面能根据室
外环境发生变化，优化室内气候，使用者能根据自身需
求进行自主调节。立面的壳体结构包括坚实的砖墙结构、
加固混凝土天花板和地板、钢铁包裹的混凝土柱子等。
随着白天光照的推移，立面呈现不同的效果，形成一种
动感的、颇具雕塑魅力的形态，美观且实用。

　　设计在展厅的整个南端覆盖上大片的白色铝质百叶
窗板，通过一排电子控制的水平铰链进行开合，这使得
建筑的外立面像手风琴一样可以依据建筑内部对光和热
的需求优雅自如地变形，使得空间更加舒适宜人。

设计师简介：

Ernst Giselbrecht

Ernst Giselbrecht 1951 年出生于奥地利多恩比恩，被视为格拉茨学派当代的领导人物。Giselbrecht 认为一项真正的设计包括结构部分的自主性和可读性，以及对现代技术的含蓄运用等要素。Giselbrecht 涉及的主要领域有教育类和住宅类建筑、办公楼和工作坊以及行政类建筑。Giselbrecht 设计的建筑兼顾了地域性和功能性，选材较为精简。